Christoph Kulgemeyer

PISA-Aufgaben im Vergleich

Strukturanalyse der Naturwissenschaftsitems aus den PISA-Durchläufen 2000 bis 2006

2. Auflage. Erstauflage erschienen unter dem Titel „Weiterentwicklung und weitere Entwicklung von PISA-ähnlichen Aufgaben"

Der Autor

Christoph Kulgemeyer hat Physik und Germanistik studiert und ist wissenschaftlicher Mitarbeiter an der Universität Bremen. Dieses Buch ist die Neuauflage seiner Staatsexamensarbeit für das gymnasiale Lehramt aus dem Jahre 2007, die unter dem Titel „Weiterentwicklung und weitere Entwicklung PISA-ähnlicher Aufgaben" erschienen ist.

Bibiliographische Information der Deutschen Nationalbibliothek
Die Deutsche Nationalbibliothek verzeichnet diese Publikation in der Deutschen Nationalbibliografie; detaillierte bibliographisce Daten sind im Internet über http://dnb.d-nb.de abrufbar.

ISBN: 978-3-837-07430-7

© 2009 Christoph Kulgemeyer
Herstellung und Verlag: Books on Demand GmbH, Norderstedt
Umschlaggestaltung: Christoph Kulgemeyer
Satz und Layout: Christoph Kulgemeyer mit LaTeX

Für Rieke

Im ganzen aber kam es seinerseits überhaupt nicht recht zu Mitteilungen, sondern nur zu Aufgaben, ein Verfahren, aus dem genugsam hervorging, daß er uns nicht eigentlich belehren, sondern nur beschäftigen wollte.

(Theodor Fontane: Meine Kinderjahre, Fontane-NA Bd. 14, S. 135)

Vorwort

Mit dieser Arbeit habe ich mir zum Ziel gesetzt, die veröffentlichten PISA-Naturwissenschafts-Aufgaben der Jahrgänge 2000, 2003 und 2006 zu analysieren. Mithilfe eines selbst entwickelten Strukturmodells werden dabei Aufgabencharakteristika festgestellt und miteinander verglichen. Durch einen Katalog von Eigenschaften soll Lehrkräften darüber hinaus die Möglichkeit gegeben werden, eigene Aufgaben nach der Vorlage von PISA („PISA-ähnliche Aufgaben") für den Naturwissenschaftsunterricht zu entwickeln. Die kann insbesondere in fachfremden Vertretungsstunden eine reizvolle Alternative sein. Außerdem kann es die vielkritisierte Aufgabenkultur des Naturwissenschaftsunterrichts bereichern. Im Anhang der Arbeit sind dazu zwei Musteraufgaben abgedruckt.

Ich richte mich also einerseits an Lehrerinnen und Lehrer, die ihren Unterricht mit Aufgaben ungewohnten Typs bereichern wollen. Diesen seien insbesondere die Kapitel 2.1, 4.2, 5.1 und 5.2 empfohlen. Andererseits richte ich mich an Fachdidaktikerinnen und Fachdidaktiker, insbesondere aus der Physik. Diesen möchte ich den Vergleich der Items verschiedener Jahrgänge ans Herz legen. Da ich bei der Analyse lediglich Zugriff auf die veröffentlichten PISA-Aufgaben hatte, sind die Ergebnisse in ihrer Allgemeingültigkeit natürlich nicht überzubewerten. Weil diese Muster jedoch repräsentativ für die Gesamtheit der Aufgaben sein sollen, lassen sich dennoch zumindest qualitative Aussagen treffen - an mancher Stelle sogar quantitative.

Diese Arbeit wurde ursprünglich angefertigt unter dem Titel „Weiterentwicklung und weitere Entwicklung PISA-ähnlicher Aufgaben" als eine Staatsexamensarbeit für das gymnasiale Lehramt. Sie ist entstanden an der Universität Bremen am Institut für Didaktik der Naturwissenschaften, Abteilung Physikdidaktik. Betreut wurde das Forschungsprojekt von Prof. Dr. Horst Schecker. Ich danke Herrn Prof. Dr. Schecker für die exzellente Betreuung und die mir eingeräumten Möglichkeiten, meine Forschungsschwerpunkte zu setzen. Ebenso danke ich Herrn Dr. Erik Einhaus, mit dem ich gemeinsam im Projekt „Entwicklung PISA-ähnlicher Aufgaben" gearbeitet habe.

Teile dieser Arbeit und weiterführende Überlegungen sind auch erschienen in:

KULGEMEYER, CHRISTOPH und SCHECKER, HORST (2007): PISA 2000 bis 2006 - Ein Vergleich anhand eines Strukturmodells für naturwissenschaftliche Aufgaben. *Zeitschrift für Didaktik der Naturwissenschaften (13)* S. 199-220.

Bremen, den 23. März 2009   Christoph Kulgemeyer

Inhaltsverzeichnis

Vorwort	v
1 Einleitung	**1**
2 Theoretischer Hintergrund	**3**
2.1 Aufgabenkultur und Bildungsstandards	3
2.1.1 Status quo der Aufgabenverwendung im Physikunterricht	4
2.1.2 Vergleichende Darstellung der neuen Aufgabenkultur	6
2.1.3 Zusammenfassung der Ergebnisse zur neuen Aufgabenkultur	12
2.1.4 Bildungsstandards	13
2.2 Das Bremen-Oldenburger Kompetenzmodell (BOlKo)	15
2.2.1 Konzeption des Modells	15
2.2.2 Ein indikatorenbasierendes Verfahren zur Einstufung in das Modell	17
2.3 Zur Textverständlichkeitsforschung	19
2.4 Das Modell von Fischer und Draxler	22
2.4.1 Inhaltliche und curriculare Einordnung	22
2.4.2 Lösungswege	23
2.4.3 Antwortformat, Offenheit und Experimentierverhalten	23
2.4.4 Kompetenzstufen	24
2.4.5 Anforderungsmerkmale	24
2.4.6 Unterrichtsphasen	25
3 Ein Strukturmodell zur Beschreibung und Bewertung von Aufgaben	**27**
3.1 Überarbeitungsansätze zum Modell von Fischer und Draxler	28
3.2 Darstellung des überarbeiteten Modells	30
3.2.1 Rahmenbedingungen	31

3.2.2	Aufgabenformat	33
3.2.3	Aufgabenkultur	34
3.2.4	Lösungswege	37
3.2.5	Anforderungsmerkmale	38
3.2.6	Textbarriere	39
3.2.7	Bremen-Oldenburger Kompetenzmodell	41
3.2.8	Inhaltsrepräsentation	42
3.3	Wert des Modells, Vorgehen bei der Einstufung und Auswerteobjektivität	44

4 Eine Strukturuntersuchung ausgewählter Aufgaben 47

4.1 Die Aufgaben des PISA-Tests 47
    4.1.1 Kriterien des PISA-Konsortiums für Naturwissenschafts-Testaufgaben 48
    4.1.2 Untersuchung der Struktur veröffentlichter PISA-Aufgaben aus dem Durchgang 2006 . 52
    4.1.3 Kontrastive Zusammenführung: Vergleich der Struktur der Testaufgaben aus den Jahrgängen 2000, 2003 und 2006 61
    4.1.4 Zusammenfassung der Ergebnisse 67
4.2 PISA-ähnliche Aufgaben 70
    4.2.1 Umgesetzte Beispiele von PISA-ähnlichen Aufgaben 70
    4.2.2 Vergleichende Untersuchung der Struktur PISA-ähnlicher Aufgaben 72
    4.2.3 Vorschläge zur Weiterentwicklung von PISA-ähnlichen Aufgaben 83

5 Zusammenfassung und Ausblick 89

Anhang 95

5.1 Weitere Entwicklung von PISA-ähnlichen Aufgaben zur Präzisierung der Weiterentwicklungstendenzen 95
    5.1.1 Neufassung: „Windenergie und Umwelt" . . 95
    5.1.2 Nachtblindheit 97
5.2 Analyse der Aufgaben in vier gängigen Physiklehrbüchern der Mittelstufe 99
5.3 Fischer und Draxler im Vergleich 100
5.4 Zuordnungsschema: Bremen-Oldenburger Kompetenzmodell 105

5.5 Datenblatt des Strukturmodells 106
5.6 Indikatoren für die Einstufung in das Strukturmodell 107
5.7 Ergänzung der Musteraufgaben 112
    5.7.1 Musteraufgabe aus PISA 2006 112
    5.7.2 Musteraufgabe der PISA-ähnlichen Aufgaben 115
5.8 Aufgaben aus Cresswell und Vaysettes (2006) in der Prozess-Ausprägung-Matrix des BOlKo 117

Abbildungsverzeichnis   **127**

Tabellenverzeichnis   **129**

Literaturverzeichnis   **131**

Index   **139**

Strukturdiagramm der Arbeit   **142**

Technische Anmerkungen:
Aus Gründen der Lesbarkeit wird in dieser Arbeit zum Teil nur das männliche oder weibliche Genus für Oberbegriffe verwendet. Wenn nicht ausdrücklich darauf hingewiesen wird, ist dies als generisches Maskulinum bzw. Femininum zu verstehen und lässt keine Aussage über den Sexus zu.

Abschnitt 1

Einleitung

Seit im Jahr 2000 die erste PISA-Studie durchgeführt wurde und der anschließende Schock über das mäßige Abschneiden deutscher Schüler einen allgemeinen Reflektionsprozess ausgelöst hat, sind auch die Aufgaben des Tests im Fokus der Öffentlichkeit. Sie werden einerseits kritisiert, andererseits diskutiert und selbst in allgemeinen Zeitungen und Zeitschriften exemplarisch abgedruckt. „PISA" ist ein Synonym für Unwissen und das Scheitern des deutschen Schulsystems geworden, die Fähigkeit, PISA-Aufgaben zu lösen, wird in der Öffentlichkeit als Bildungsziel wahrgenommen. Sogar Fernsehshows wie *„PISA: Der Ländertest"* stoßen auf breites Interesse. Spätestens an diesem Beispiel ist jedoch ersichtlich, dass viele der Aufgaben, die mit dem Prädikat „PISA" versehen werden, mit den wirklichen PISA-Aufgaben wenig zu tun haben. Es handelt sich zumeist um reine (deklarative) Wissensaufgaben, an denen es in der Schulpraxis nicht mangelt. Die Besonderheiten der PISA-Aufgaben hingegen sind im deutschen Unterricht nur selten zu finden.

In dieser Arbeit sollen Struktur und Charakteristika von PISA-Aufgaben der bislang stattgefundenen Testdurchläufe 2000, 2003 und 2006 sowie von PISA-ähnlichen Aufgaben detailliert beschrieben und Gemeinsamkeiten sowie Unterschiede analysiert werden. Untersuchungsgegenstand sind dabei naturwissenschaftliche Aufgaben. Dieses Vorhaben wurde erst nach Veröffentlichung von Beispielaufgaben aus PISA 2006 möglich, da zu diesem Testdurchlauf weit mehr Aufgaben als zu seinen Vorgängern publiziert wurden.

Um dieses Ziel zu erreichen, wird zunächst die theoretische Grundlage der Aufgabenentwicklung gelegt und auf dieser Basis ein Modell zur Beschreibung und Bewertung von Aufgaben konstruiert. Da die Arbeit physikdidaktisch motiviert ist, liegt der Akzent auf diesem Bereich. Das entstehende Modell wird dann auf die PISA-Aufgaben der einzelnen Testdurchläufe ebenso angewendet wie auf PISA-ähnliche Aufgaben, die in Schulen eingesetzt werden. Ein Überblick über den strukturellen Aufbau der Arbeit findet sich im Anhang auf S. 142. Die folgenden Forschungsfragen stehen im Vordergrund:

- Welche Veränderungen erfuhren die PISA-Aufgaben im Bereich Naturwissenschaften zwischen den einzelnen Testdurchläufen?

- Werden in den eingesetzten Testaufgaben die Kriterien berücksichtigt, die sich die Aufgabenentwickler selbst stellen?

- Entsprechen die Beispiele für PISA-ähnliche Aufgaben den Vorlagen?

- In welcher Form sollten PISA-ähnliche Aufgaben weiterentwickelt werden?

Abschnitt 2
Theoretischer Hintergrund

In diesem Kapitel soll zunächst beschrieben werden, welche Ansätze zum Verfahren mit Aufgaben es im Physikunterricht gibt. Dazu wird sowohl eine Zusammenfassung des Status quo der Aufgabenverwendung im deutschen Physikunterricht als auch der Optimierungsstendenzen, die unter der Überschrift „neue Aufgabenkultur" zusammengefasst werden können, angeführt. Anschließend sollen weitere theoretische Grundlagen zur Formulierung eines Strukturmodells für die Beschreibung und Bewertung von naturwissenschaftlichen Aufgaben gelegt werden. Dies erfolgt auf Basis allgemeiner fachdidaktischer und kognitionspsychologischer Überlegungen sowie eines existierenden Modells, das ein ähnliches Ziel verfolgt.

2.1 Aufgabenkultur und Bildungsstandards

„Aufgabenkultur" ist ein Begriff, der in der fachdidaktischen Diskussion der letzten Jahre von großer Bedeutung war. Wenn Häußler und Lind (2000) festhalten, „es gibt bislang keine ausgearbeitete Didaktik des Aufgabenlösens im Physikunterricht" (Häußler und Lind 2000, S. 2), sprechen sie einen Missstand an, der in der Folge zwar auf theoretischer Basis viel bearbeitet wurde, in der Praxis aber vermutlich noch nicht behoben ist. Unter dem Stichwort „neue Aufgabenkultur" wurden viele Verbesserungen im Umgang mit Aufgaben im Physikunterricht vorgeschlagen, die konkreter wurden, nachdem eine BLK-Expertise systematische Vorschläge unterbreitete (Vgl.: Häußler und Lind 1998) und ihren vorläufigen Kulminationspunkt in der Formulierung der Bildungsstandards (Vgl.: Kultusministerkonferenz 2004a) fanden. Angeheizt wurde dies durch das schlechte Abschneiden deutscher Schüler bei den internationalen Schulleistungsstudien *The Third International Mathematics And Science Study (TIMSS)* und *Programme for International Student Assessment (PISA)*.

Der Begriff „Aufgabenkultur" meint zunächst den Umgang mit Aufgaben im Unterricht, also die Frage, welche Art von Aufgaben zu welchem Zeitpunkt in Unterricht und Lernprozess eingesetzt wird (Vgl.: Aufschnaiter und Aufschnaiter 2001, S. 410). Es gibt demnach zwei Komponenten von Aufgabenkultur: Die Art der Aufgaben und die Art und Weise ihres Einsatzes im Unterricht. Gerade letzteres ist von hoher Bedeutung, denn die fachdidaktische Lernprozess-Forschung hat gezeigt, dass die „strukturelle Einbettung [von Aufgaben] in das gesamte Unterrichtsgeschehen [...] entscheidende Wirkung auf eine möglichst optimale Beförderung der Lernprozesse [hat]"(Aufschnaiter und Aufschnaiter 2001, S. 414).

2.1.1 Status quo der Aufgabenverwendung im Physikunterricht

Aufgaben sind im Physikunterricht, wie er aktuell stattfindet, nur in einer Randfunktion zu finden. Sie werden nur in wenigen - und immer gleichen - Unterrichtsphasen eingesetzt. Dies sind vor allem Wiederholungsphasen (Vgl.: Häußler und Lind 2000, S. 2) und Prüfungen (Vgl.: Leisen 2005, S. 306). Aufgaben begleiten zwar viele Lehrbücher, Hinweise, wie mit ihnen im Unterricht umzugehen ist, sind dort jedoch fast gar nicht zu finden (Vgl.: Häußler und Lind 2000, S. 2).

So ist bei einer der zwei wesentlichen Komponenten von Aufgabenkultur, nämlich der Art und Weise des Einsatzes, bereits ein Defizit zu konstatieren. Doch auch der zweite Aspekt, die Frage nach der Art der eingesetzten Aufgaben, offenbart eine fast durchgängige Monokultur. Am Beispiel der Aufgaben zum Stoffgebiet Mechanik skizzieren Duit u. a. (2002) die Ergebnisse einer Lehrbuchanalyse von Müller und Horn (2001):

> „Eine Analyse von Sek.-I-Physiklehrbüchern verschiedener Verlage hat gezeigt, dass in den untersuchten vier Lehrbüchern beim Stoffgebiet Mechanik Routineaufga-

ben bzw. formale Aufgaben zu den jeweils angebotenen Lerninhalten überwiegen. Aufgaben zu Alltagsvorstellungen bzw. zu Erfahrungen mit zurückliegenden Unterrichtsinhalten, zum Vernetzen von Lerninhalten und zur Entwicklung von Problemlösekompetenzen sind höchstens in spärlichen Ansätzen vorhanden. Aufgaben, die mehrere Lösungsinhalte zulassen, kommen nicht vor." (Duit u. a. 2002, S. 4)

Die Ergebnisse der Analyse der Mechanikaufgaben von Müller und Horn (2001) sind im Anhang in Abb. 5.1, S. 99, dargestellt. Ebenfalls dort befindet sich die Darstellung einer aktuell nach dem Kategoriensystem von Müller und Horn (2001) durchgeführte Analyse von ebenfalls vier gängigen Lehrbüchern der Sekundarstufe 1 des Autors. Diese führt zu den gleichen Ergebnissen, es wurden jedoch Aufgaben aus den Kapiteln der Elektrizitätslehre untersucht, um den Horizont über die Mechanik hinaus auszuweiten (siehe Abb. 5.2, S. 100). In jedem der Lehrbücher nehmen die Bereiche „Routineaufgaben" und „Aufgaben zum aktuellen Lerninhalt" zusammen mindestens 90 % aller Aufgaben ein. Es kann also berechtigterweise von einer Monokultur an Aufgaben in den untersuchten Lehrbüchern zur Mittelstufenphysik gesprochen werden.

Aus der Summe dieser Ergebnisse lässt sich schließen, dass im Physikunterricht Aufgaben oft zum Einüben eines Lösungsalgorithmus dienen und die Automatisierung einer Routine zum Ziel haben. Aufgaben dieser Art können sinnvoll sein, wenn berücksichtigt wird, dass „das mechanische Üben im Unterricht und zuhause nicht ermüdender Drill sein muss, sondern auf Erfolg zielt" (Gudjons 2005, S. 13). Problematisch ist nur, dass diese beiden Intentionen fast Absolutheitscharakter haben und somit die reflektierte Monokultur entsteht.

Kommt zu der Monokultur aber noch eine Herabsetzung des Aufgabenniveaus, wie es häufig in der Praxis geschieht, wenn Schwierigkeiten im Unterricht auftreten (Vgl.: Häußler und Lind 2000, S. 2), so werden oft nur noch „Einsetzaufgaben" verwendet. Deren einzige Schwierigkeit ist es dann, eine Gleichung geschickt umzustellen. Die Lösungsstrategien, die Schüler dabei entwickeln, sind jedoch leider nur einseitig und den Möglichkeiten sowie der Wesensart der Physik unangemessen (Vgl.: Häußler und Lind 2000,

S. 2 - 3). Ein grundlegend falsches Verständnis von Physik kann die Folge sein, sodass das Interesse am Fach wegen der scheinbaren Eindimensionalität seines Potentials sinkt. Nachdem 1997 die Ergebnisse von TIMSS langsam in die Öffentlichkeit drangen (Vgl. z.B.: Baumert u. a. 2000) und eine große Aufmerksamkeit auf sich zogen, wurde dieser Missstand realisiert. Es zeigte sich bei genauerer Analyse, dass deutsche Schülerinnen und Schüler ihre (relativen) Stärken bei „schematischen Routineaufgaben, die formal-mathematisch gelöst werden können, [haben,] während die eigenständige Anwendung von Wissen selbst in einem nur leicht variierten Aufgabenkontext kaum noch gelingt" (Schecker und Klieme 2001, S. 114). Ein Vergleich mit der oben zitierten Studie zur Aufgabenkultur aktueller Physiklehrbücher der Sekundarstufe I zeigt hier eine Kongruenz. Es scheint also tatsächlich so zu sein, dass die Monokultur von Aufgaben auch zu einer Monokultur des aktiven Aufgabenlösens führt und andere Arten von Aufgaben als die bekannten nicht bearbeitet werden können. Schecker und Klieme (2001) formulieren die Situation wie folgt:

> „Die Schüler haben das *Lösen von Aufgaben* gelernt und weniger die *Bearbeitung von Problemen*." (Schecker und Klieme 2001, S. 114)

2.1.2 Vergleichende Darstellung der neuen Aufgabenkultur

Aufgrund dieser Ergebnisse wurde verstärkt eine Veränderung der Aufgaben und vor allem der Rolle der Aufgaben im Unterricht gefordert. Zusammengefasst werden kann dies unter dem Schlagwort einer „neuen Aufgabenkultur" für den Unterricht in den Naturwissenschaften. Dabei geht es darum, „das Aufgabenlösen aus seiner randständigen Position stärker in die Mitte des Unterrichts zu rücken." (Häußler und Lind 1998, S. 4). Die Betonung liegt allerdings auf bestimmten Aufgaben:

> „Es geht nicht darum, einfach im Unterricht mehr Aufgaben zu rechnen. Es geht vielmehr darum, dem Schüler die Physik als ein flexibel einsetzbares Werkzeug zu vermitteln; der Anwendung und dem Umgang mit dem Wissen einen größeren Stellenwert einzuräumen, ge-

genüber der Einführung und Herleitung; Verständnis eher an der Fähigkeit zu messen, etwas mit dem Wissen anzufangen, als an der Fähigkeit, es korrekt wiederzugeben." (Häußler und Lind 2000, S. 2) Diese Grundthese wird durch zahlreiche fachdidaktische Forschungsergebnisse unterstützt; zentrale Bedeutung kommt hierbei einem Bund-Länder-Kommissions (BLK)-Programm zur Steigerung der Effizienz des mathematisch naturwissenschaftlichen Unterrichts (Vgl.: Häußler und Lind 1998) und der empirischen Lehr-Lernforschung (Vgl.: Aufschnaiter und Aufschnaiter 2001) zu.

Häußler und Lind (1998) fordern, dass die Expertiseforschung - besonders die Frage, was Experten zur Lösung eines Problems besser befähige als Laien - bei der Aufgabenentwicklung zu berücksichtigen sei. Dabei zeigte sich, dass Neulinge die Bearbeitung von Aufgaben mit Musterlösungen gegenüber der Lektüre von Lehrbuchtexten bevorzugen (Vgl.: Häußler und Lind 2000, S. 4). So gelingt die Behandlung von Lösungstechniken anscheinend besonders motivierend - selbst schlechte Aufgaben mit Musterlösungen werden von den Lernern im Allgemeinen den Lehrbuchtexten vorgezogen. Dadurch ergibt sich jedoch das Problem, dass im Extremfall Schülerinnen und Schüler zwar die Musterlösungen zu verstehen glauben und auf analoge Beispiele anwenden können, der Transfer ihnen jedoch verwehrt bleibt. Dem könne laut Häußler und Lind (2000) entgegen gewirkt werden, wenn geschickt komponierte Aufgabenkompendien entwickelt würden, deren Musterlösungen sich durch eine Kombination von abnehmender Ausführlichkeit und zunehmendem Eigenanteil auszeichneten. Die Bedeutung von vernetzten Aufgabenkompendien bzw. Aufgabenserien zunehmenden Komplexitätsniveaus wird darüber hinaus durch die empirische Lehr-Lernforschung explizit bestätigt (Vgl.: Aufschnaiter und Aufschnaiter 2001, S. 414).

Aus der Expertiseforschung ergibt sich ebenfalls, dass ungeübte Lerner oftmals versuchen, eine Aufgabe durch sogenannte „Rückwärtssuche" zu lösen - also der Suche nach einer Formel, die die genannten Größen verknüpft. Aufgaben, die sich so lösen lassen, sind dem Lernprozess nur in dem Sinne förderlich, als dass das Umstellen von Gleichungen erlernt wird. Die Physik hinter den Formelzeichen wird nicht vermittelt, da auf einer übergeordneten

Kodierungsebene verharrt wird. Ein einfaches Mittel, um diese Art des Aufgabenlösens zu verhindern, ist, die Aufgaben gewissermaßen „überdeterminiert" zu stellen. Es sollten also mehr Informationen als benötigt gegeben werden (Vgl.: Schecker und Klieme 2001, S. 114). Aus diesen die wesentlichen herauszufiltern ist ohne physikalische Kenntnis nicht mehr möglich.

Eine weitere Forderung zur Verbesserung der Aufgabenkultur ist ein verstärktes Maß an Selbsterklären (Vgl.: Häußler und Lind 2000, S. 4). Lernen muss nach einer Grundthese des Konstruktivismus immer ausschließlich der Schüler selbst; das Wissen kann ihm nicht einfach verabreicht werden. Wichtig ist eine wiederholte und selbstständige Auseinandersetzung mit dem Lernstoff in immer abwechselnden Übungsformen und in einem elaborierenden Üben.

„Im elaborierenden Üben wird Wissen nämlich neu konstruiert (gemäß der Grundthese des Konstruktivismus): Durch Anwendungsbeispiele unterschiedlicher Art wird es neu vernetzt und mit Vorwissen verknüpft." (Gudjons 2005, S. 13)

Dies kann gerade beim Lernen an Beispiellösungen praktiziert werden. Jeder Lösungsschritt wird dabei als selbstständige Aufgabe aufgefasst, der durchdrungen werden muss. Bei guten Lernern geschieht dies ohne vorherige Einführung.

„Eine Rolle spielt wahrscheinlich die Lernhaltung. Wer sich nicht das Ziel gesetzt hat, sich mit dem Beispiel intensiv zu beschäftigen, wird den Text einfach lesen und nicht versuchen, ihn zu elaborieren." (Häußler und Lind 2000, S. 4)

Die Elaboration geschieht besonders wirkungsvoll in Gruppen, dabei sind homogene Übungsgruppen effektiver als heterogene (Vgl.: Aufschnaiter und Aufschnaiter 2001, S. 415). Selbstbestimmtes Erklären und eigenständiges Lösen von Aufgaben kann darüber hinaus nicht nur deduktiv im Unterrichtsgeschehen eingesetzt werden kann, sondern sogar induktiv zur Einführung eines neuen Themenblocks (Vgl.: Hammer 2002, S. 16).

Eine weitere bisher kaum beachtete Art der Aufgabenkultur ist der produktive Umgang mit den Fehlern, die Schülerinnen und Schüler bei der Bearbeitung von Aufgaben machen. Häußler und Lind (2000) beschreiben Fehler als eine Art Antithese der korrekten Lösung und schließen daraus: „Nur wer weiß, was er nicht tun

2.1 Aufgabenkultur und Bildungsstandards

darf, weiß wirklich, was er tun soll, damit etwas gelingt" (Häußler und Lind 2000, S. 5). Es muss also auch pädagogisch darauf hingewirkt werden, dass Fehler nicht als Niederlage empfunden werden, sondern von und aus ihnen gelernt werden kann (Vgl.: Seidel und Prenzel 2003). Fachdidaktisch kann dies durch geeignete Aufgaben unterstützt werden. Möglich ist zum Beispiel, gezielt von einzelnen Gruppen oder in Einzelarbeit falsche Lösungen erstellen zu lassen und als eine Art Ratespiel diese kritisch zu besprechen.

Die Konstruktion von besonders gewitzten falschen Lösungen darf jedoch nicht die Grenze der Schülerbeteiligung bei Aufgaben sein. Aufgaben sind nicht unbedingt und ausschließlich Fragestellungen, die der Lehrer dem Schüler zur Lösung gibt. Ein weiterer Aspekt einer neuen Aufgabenkultur muss sein, den Schüler aus dieser stummen Rezipientenrolle herauszuführen. Im Laufe einer Unterrichtseinheit könnten Schülerinnen und Schüler auch selbst Aufgaben konstruieren, die sie als besonders sinnvoll erachten, um das Gelernte zu testen. Einerseits gelingt die Konstruktion von guten Lernaufgaben so nur schwierig. Andererseits entsteht nach Art eines Portfolios eine Aufgabensammlung, die den Lernprozess dokumentiert und der Vernetzung des Wissens dient, da im Idealfall Aufgaben aus unterschiedlichen Lebensbereichen zusammen kommen (Vgl.: Häußler und Lind 2000, S. 5).

Einer der zentralen Aspekte von neuer Aufgabenkultur ist es, Aufgaben mit mehreren unterschiedlichen Lösungswegen zu stellen. In erster Näherung sind dies auch Aufgaben, die sich über unterschiedliche physikalische Betrachtungsweisen lösen lassen. In der Mechanik ist es beispielsweise bei vielen Aufgaben möglich, sie so zu formulieren, dass eine Lösung über den Energieerhaltungssatz oder über die Bewegungsgleichung möglich wird. „In der Regel ist ein Weg der einfachere und elegantere, und zu entscheiden, welcher das ist, erfordert ein hohes Maß an Expertise" (Häußler und Lind 1998, S. 13). Auch sogenannte „Konstruktionsaufgaben" sind ein Schritt in diese Richtung. Dabei soll ein bestimmtes Produkt entworfen werden - z.B. eine tragfähige Brücke - und aus begrenzten zur Verfügung stehenden Mitteln Lösungen dafür entwickelt werden (Vgl.: Häußler und Lind 2000, S. 7). Die Physik soll somit sozusagen über die Ingenieurswissenschaft verstanden werden.

Eine weitere Möglichkeit für Aufgaben mit mehreren Lösungswegen sind solche, die qualitative, graphische, halbquantitative und im

Idealfall auch noch quantitative Lösungen zulassen (Vgl.: Schecker und Klieme 2001, S. 114). Dazu zählen auch viele Fermiprobleme, da sie zunächst zu wenige Informationen zu bieten zu scheinen und durch verschiedene vernünftige Annahmen bei Teilproblemen lösbar werden (Vgl.: Müller 2001). Hierbei kann oftmals auch die eigenständige Recherche motivierend und lernwirksam sein (Vgl.: Schecker und Klieme 2001, S. 114).

Die meisten gängigen Aufgaben zielen allein schon durch ihre Formulierung auf algebraische Lösungen ab. Dies sollte vermieden werden, da festgestellt werden kann, dass die Entwicklung unterschiedlicher Lösungsmodi bei Aufgaben für die Behandlung von Aufgaben mit mehreren Lösungswegen das Hauptanliegen ist (Vgl.: Häußler und Lind 1998, S. 21).

Ein zweiter zentraler Aspekt der neuen Aufgabenkultur ist die Einbettung von Aufgaben in sinnstiftende Kontexte (Vgl.: Leisen 2005, S. 307).

> „Bei den meisten Aufgaben lässt sich eine Tiefenstruktur von einer Oberflächenstruktur unterscheiden. Die Tiefenstruktur bezieht sich auf das zugrunde liegende Prinzip, durch dessen sinngemäße Anwendung eine Lösung herbeigeführt werden kann. Die Oberflächenstruktur umfasst die konkreten in der Aufgabe beschriebenen Objekte." (Häußler und Lind 1998, S. 21)

Der Energieerhaltungssatz kann beispielsweise im Zusammenhang mit einem Fadenpendel oder einem die schiefe Ebene herunter rollenden Fass behandelt werden. Diese beiden Aufgaben hätten dieselbe Tiefenstruktur - den Energieerhaltungssatz - aber unterschiedliche Oberflächenstrukturen. Wenn von „sinnstiftenden Kontexten" die Rede ist, so betrifft dies die Oberflächenstruktur. Hier könnten Ergebnisse der Motivations- und Interessensforschung mit einbezogen werden, um Kontexte zu finden, die Interesse fördern und motivierend sind. Es hat sich gezeigt, dass insbesondere Mädchen von solchen Kontexten profitieren (Vgl.: Labudde 1999, S. 6) - ohne dass Jungen benachteiligt würden. Aus Häußler und Lind (1998) ergeben sich folgende interessestiftende Kontexte:

2.1 Aufgabenkultur und Bildungsstandards

- Kontexte, die sich auf alltägliche Erfahrungen oder die Umwelt beziehen. Dies ist jedoch für Mädchen nur dann förderlich, wenn sie bereits Erfahrungen mit diesen Sachverhalten haben - technische Bezüge sind dazu meist kontraproduktiv.

- Kontexte, die emotional positiv gefärbt sind. Phänomene, die zum Staunen anregen, können solche sein - wenn sie wiederum an die Lebens- und Alltagswelt der Mädchen anschließen. Naturphänomene sind besonders geeignet.

- Kontexte, die die gesellschaftliche Bedeutung von Naturwissenschaft in den Vordergrund stellen.

- Kontexte, die den menschlichen Körper behandeln. Medizinische Anwendungen oder die Funktion der Sinnesorgane zählen dazu.

- Kontexte, die einen Anwendungsbezug aufzeigen. Der Sinn einer Anwendung muss dabei erkennbar sein.

Werden unterschiedliche Kontexte für dieselbe Tiefenstruktur eingesetzt, gelingt es Schülerinnen und Schülern außerdem nachweisbar besser, von der Oberflächenstruktur auf die Tiefenstruktur zu abstrahieren und den physikalischen Kern zu erfassen (Vgl.: Häußler und Lind 2000, S. 8).

Die Orientierung an den *Interessen* der Schüler ist nur ein Aspekt von Schülerorientierung, der durch die neue Aufgabenkultur betont werden soll. Die Orientierung an zurückliegendem Lernstoff ist ein weiterer, der hinzu tritt. Aufschnaiter und Aufschnaiter (2001) definieren sogar gute Aufgaben als Aufgaben, „die von den Fähigkeiten der Lernenden nicht weit entfernt [...] [sind]" (Aufschnaiter und Aufschnaiter 2001, S. 412). In der empirischen Pädagogik wird Erklären durch Hinweise innerhalb der „Zone der nächsten Entwicklung[1]" also dem Wissensbereich, der nah an dem bereits erlangten Wissensniveau liegt, als „Scaffolding" bezeichnet (Vgl.:

---
[1] Der Begriff stammt von Wygotski

Wellenreuther 2005, S. 169). Aufgaben sollten ebenfalls nur kleine Schritte entfernt vom bereits beherrschten Lernstoff liegen, da sie Teil eines schülergemäßen Erklärens sind. Im Sinne der neuen Aufgabenkultur sollten darüber hinaus ständig Aufgaben vorkommen, die an den bereits zurückliegenden Lernstoff anknüpfen oder ihn wiederholen, denn dadurch wird eine bessere vertikale Vernetzung des Lernstoffs erreicht. Möglichkeiten, dies zu erreichen, sind Orientierungen an vielen Themen zugrunde liegenden Begriffen wie „Energie" oder „Teilchenstruktur der Materie" beziehungsweise gebietsübergreifende Projekte (Vgl.: Häußler und Lind 1998, S. 29). Auch eine horizontale Vernetzung durch Überschreiten der Fächergrenzen führt zu einem besseren Verständnis des Stoffes.

2.1.3 Zusammenfassung der Ergebnisse zur neuen Aufgabenkultur

Die Rolle von Aufgaben im Physikunterricht im Sinne der neuen Aufgabenkultur lässt sich durch zehn zentrale Punkte zusammenfassen. Dabei ist selbstverständlich, dass diese zehn Punkte nicht Kriterien *einer* Aufgabe sein sollen, sondern Kriterien für die *Gesamtheit* aller Aufgaben.

1. Die Bedeutung von Aufgaben im Unterricht muss gesteigert werden. Aufgaben müssen in allen Unterrichtsphasen vorkommen und als Strukturierungsmittel des Unterrichts fungieren (Vgl.: Draxler u. a. 2003, S. 203).

2. Es müssen vernetzte Aufgabenserien mit ansteigendem Komplexitätsgrad erstellt werden, wobei der nächste Schwierigkeitsschritt immer in der „Zone der nächsten Entwicklung" liegt. Dazu gehören manchmal auch Musterlösungen.

3. Aufgaben sollten der „Rückwärtssuche" entgegenwirken, indem sie überbestimmt sind. Das gilt insbesonders für quantitative Aufgaben.

4. Aufgaben sollten ein Selbsterklären ermöglichen. Dazu gehört auch das Nachvollziehen von Musterlösungsschritten.

5. Das didaktische Potential des Lernens aus Fehlern sollte aufgegriffen werden. Fehlersuche kann lernwirksam sein.

6. Schüler sollten aus der stummen Rezipientenrolle heraus treten und auch selbst Aufgaben konstruieren.

7. Aufgaben sollten unterschiedliche Lösungswege zulassen. Diese können themaimmanent sein (Energieerhaltungs vs. Bewegungsgleichung) oder unterschiedliche naturwissenschaftliche Arbeitsweisen ermöglichen (qualitativ, halb-quantitativ, quantitativ, zeichnerisch...).

8. Aufgaben sollten in interessefördernde Kontexte eingebunden sein. Zu einer Tiefenstruktur der Aufgaben sollten mehrere Oberflächenstrukturen angeboten werden.

9. Aufgaben sollten eine vertikale Vernetzung durch zugrunde liegende Konzepte ebenso ermöglichen wie eine horizontale Vernetzung durch Überschreiten der Fächergrenzen.

10. Aufgaben sollten alten Stoff wieder aufgreifen und wiederholen bzw. mit dem neuen Stoff verbinden.

2.1.4 Bildungsstandards

Durch die Veröffentlichung der Nationalen Bildungsstandards für den mittleren Schulabschluss im Fach Physik (Vgl.: Kultusministerkonferenz 2004a) als verpflichtender Grundlage aller näher ausdifferenzierten Curricula wurden zahlreiche Forderungen der neuen Aufgabenkultur implizit umgesetzt.

Die Bildungsstandards formulieren Standards in vier für den mittleren Schulabschluss notwendigen physikalischen Kompetenzen. Als Basis dafür dient der Kompetenzbegriff von Weinert (2002): „[Kompetenzen sind] die bei Individuen verfügbaren oder durch sie erlernbaren kognitiven Fähigkeiten und Fertigkeiten, um bestimmte Probleme zu lösen, sowie die damit verbundenen motivationalen, volitionalen und sozialen Bereitschaften und Fähigkeiten, um die Problemlösung in variablen Situationen erfolgreich und verantwortungsvoll nutzen zu können." (Weinert 2002) Als wesentliche Kompetenzbereiche der Physik nennen die Bildungsstandards „Fachwissen", „Erkenntnisgewinnung", „Kommunikation" und „Bewertung". Der Bereich Fachwissen wiederum ist in vier Basiskonzepte - Energie, Materie, Wechselwirkung und System - unterteilt, die als Leitideen allen Themen der Mittelstufenphysik zugrunde liegen sollen und somit eine vertikale Vernetzung des Unterrichts gewährleisten. Das ist eine durch die neue Aufgabenkultur vertretene Forderung und kommt einer Umorientierung gleich, da der Fokus von den historisch gewachsenen Themenbereichen der Physik wie Mechanik, Elektrodynamik oder Thermodynamik weg gelenkt wird und stattdessen Zusammenhänge dieser gesucht werden. Die dritte Dimension umfasst die „Handlungsbereiche", namentlich „Wiedergabe", „Anwendung" und „Transfer". In Schecker (2007) ist die Struktur der Bildungsstandards in eine dreidimensionale Matrix zusammen gefasst zu finden (siehe Abb. 2.1, S. 15).

Die Bedeutung von Aufgaben für den naturwissenschaftlichen Unterricht wird in den Bildungsstandards allein schon dadurch gestärkt, dass die theoretisch postulierte Kompetenzmatrix durch eine relativ umfangreiche Aufgabensammlung illustriert wird. Die formulierten Anforderungsbereiche sollen darüber hinaus nicht als Niveaustufen einer Kompetenz verstanden werden, die bei Schülerinnen und Schülern so wiederzufinden sind, sondern als „Merkmale von Aufgaben, die verschiedene Schwierigkeitsgrade innerhalb ein und derselben Kompetenz abbilden können" (Kultusministerkonferenz 2004a, S. 13). Jede Aufgabe soll also zunächst einer (oder mehrerer) Zellen einer zweidimensionalen Matrix, bestehend aus Kompetenz- und Anforderungsbereichen zuzuordnen sein; in letzter Konsequenz tritt additiv noch die Dimension der Basiskonzepte hinzu. Implizit wird somit davon ausgegangen, dass

2.2 Das Bremen-Oldenburger Kompetenzmodell (BOLKo)

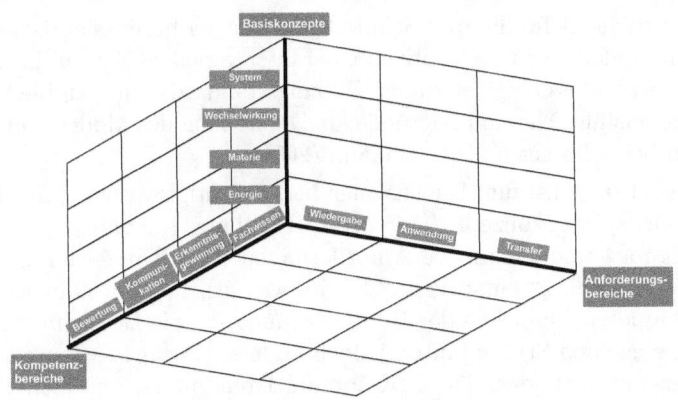

Abb. 2.1: Die in den Bildungsstandards postulierten Kompetenz- und Anforderungsbereiche mit Hervorhebung der Basiskonzepte als dritter Dimensionen (Nach: Schecker 2007, S. 6)

Aufgaben, die bestimmten Matrixelementen angehören, auch die zugehörigen Kompetenzen bei Schülerinnen und Schülern fördern - fordern sie diese doch in jedem Fall. All dies ist durch den Kompetenzbegriff von Weinert angelegt; die dort genannten „Probleme" beziehungsweise „Problemlösungen" finden ihre Entsprechung im Unterricht in Aufgaben.

Dadurch, dass die wesentlichen Ideen durch Aufgaben erläutert werden und Aufgaben diese zentrale Funktion der Kompetenzbeschreibung innehaben, sind die Bildungsstandards auch als Produkt der geforderten neuen Aufgabenkultur zu verstehen.

2.2 Das Bremen-Oldenburger Kompetenzmodell (BOlKo)

2.2.1 Konzeption des Modells

An den Universitäten Bremen und Oldenburg wurde ein an das Kompetenzmodell der nationalen Bildungsstandards anschließendes Modell entwickelt, das als Basis empirischer Untersuchungen zur naturwissenschaftlichen Kompetenz dienen soll. Anders als das (normative) Modell der Bildungsstandards werden hierbei bereits empirische Befunde über Schülerkompetenzen berücksichtigt, die dem Modell einen deskriptiven Charakter verleihen. Es soll jedoch eine Anschlussfähigkeit zu den Bildungsstandards erhalten bleiben. Eine ausführliche und begründende Darstellung des Modells findet sich bei Schecker und Parchmann (2006).

Es sind zunächst fünf Dimensionen berücksichtigt worden: „Inhaltsbereiche/Basiskonzepte", „Prozess/Handlung", „Kontext", „Ausprägung" und „kognitive Anforderungen". Die Dimension „Prozess/Handlung" entspricht dabei im wesentlichen der Dimension „Kompetenzbereiche" der Bildungsstandards, die Bezeichnungen der einzelnen Stufen lauten jedoch anders: „Fachwissen nutzen", „Erkenntnisse gewinnen", „Kommunizieren" und „Bewerten". In der Dimension „Inhaltsbereiche/Basiskonzepte" werden die Basiskonzepte der Bildungsstandards als nicht ausreichend erachtet und erweitert. Dazu kann beispielsweise „Nature of Science" treten - hier ist jedoch noch kein abschließendes Ergebnis festgehalten worden. Durch die strikte Trennung von „Prozess/Handlung" und „Basiskonzepte/Inhaltsbereiche" wurde eine konsequentere Trennung von Inhalts- und Handlungsdimension als in den Bildungsstandards erreicht.

In der Dimension „Ausprägung" wurde den „Anforderungsbereichen" der Bildungsstandards eine weitere Komponente hinzugefügt, sodass die vier Stufen „lebensweltlich", „nominell/reproduktiv", „aktiv anwenden" und „konzeptuell vertieft" resultieren. Die Komponente „lebensweltlich" ist in den Bildungsstandards noch entbehrlich, da Standards schulisch erworbenen physikalischen Wissens beschrieben werden; in einem umfassenden und allgemeinen Kompetenzmodell jedoch darf sie nicht fehlen. Die letzten drei Komponenten entsprechen den Ausprägungen der Bildungsstandards und orientieren sich an Bybees Modell der Ausprägung von Scientific Literacy.

Im Bremen-Oldenburger Kompetenzmodell wird mit der Dimension „Kontext" Untersuchungen zum Conceptual Change Rechnung getragen. Daher stammt die Erkenntnis, dass der Kontext Schülererklärungen beeinflusst. Im Modell wird eine Unterteilung in innerunterrichtliche Kontexte, persönliche Kontexte und professionelle Anforderungssituationen vorgeschlagen (Vgl.: Schecker und Parchmann 2006, S. 59 - 60) und berücksichtigt, dass neben Inhalt und Prozess auch Auswirkungen des Kontextes auf die affektive

2.2 Das Bremen-Oldenburger Kompetenzmodell (BOLKo)

Komponente in Weinerts Kompetenzbegriff zu konstatieren sind. Als fünfter und letzter Teil wird in Anlehnung an die Ausdifferenzierung des Facettendesigns in PISA (Vgl.: Rost u. a. 2005, S. 197 - 199) die Dimension „kognitive Anforderungen" hinzugefügt. Von den in Rost u. a. (2005) genannten sieben Kompetenzen werden jedoch nur die vier Stufen „konvergentes Denken", „divergentes Denken", „Umgang mit mentalen Modellen" und „Umgang mit Zahlen" berücksichtigt, da die Stufen „Bewerten", „Sachverhalte verbalisieren" und „Umgang mit Graphen" bereits kongruent mit einigen Komponenten der anderen Dimensionen des Bremen-Oldenburger Kompetenzmodells sind.

Für empirische Untersuchungen müssen diese Dimensionen aus Praktikabilitätsgründen reduziert werden, da nicht alle Zellen der fünfdimensionalen Matrix mit Items ausreichender Anzahl bestückt werden können. Konkludent ist dabei beispielsweise, einen Inhaltsbereich konstant zu halten und Kontexte sowie kognitive Anforderungen als Co-Variaten zu erfassen (Vgl.: Theyßen u. a. 2007, S. 2). Hierbei müssten nur noch die Dimensionen „Handlung/Prozess" und „Ausprägungen" variiert werden. Aus der fünfdimensionalen Matrix wird so für die Einzelstudie eine zweidimensionale, die der der Bildungsstandards ähnlich ist und ebenso zur Charakterisierung von Aufgaben genutzt werden kann (siehe Tab. 2.4, S. 18).

2.2.2 Ein indikatorenbasierendes Verfahren zur Einstufung in das Modell

Die Charakterisierung der Aufgaben durch Einstufung in das Kompetenzmodell ist in der Praxis problematisch. Zur Sicherstellung der Validität der Testaufgaben sollten sie einerseits durch mehrere Experten den Zellen der Matrix zugeordnet werden. Andererseits zeigt sich, dass dies eine hohe Hürde ist und im Allgemeinen nicht zu den gewünschten Übereinstimmungen führt:

> „Untersuchungen zur Einschätzung von Items des TIMSS III-Tests zur voruniversitäten Physik [...] haben gezeigt, dass die Übereinstimmung verschiedener Rater bei der Einschätzung von Aufgaben anhand von Merkmalen selbst dann gering ist, wenn die Merkmale kleinschrittig aufgeschlüsselt werden." (Theyßen u. a.

2.2 Das Bremen-Oldenburger Kompetenzmodell (BOLKo)

		Prozess			
		Fachwissen nutzen	Erkenntnisse gewinnen	Kommunizieren	Bewerten
Ausprägung	lebensweltlich				
	nominell / reproduktiv				
	aktiv anwenden				
	konzeptuell vertieft				

Tab. 2.4: Matrix zur Charakterisierung von Aufgaben in den Dimensionen „Prozess" und „Ausprägung" des Bremen-Oldenburger Kompetenzmodells (Entnommen aus: Theyßen u. a. 2007, S. 2)

2007, S. 3)

Aus diesem Grunde stellen Theyßen u. a. (2007) ein Verfahren vor, das aufgrund eines indikatorbasierenden Einordnungsschemas für das Bremen-Oldenburger Kompetenzmodell in bisherigen Erprobungen zu zufriedenstellenden Ergebnissen geführt hat. Die direkte Einordnung wird dabei durch ein sukzessives Verfahren ersetzt, das zunächst jeder Zelle der Prozess-Ausprägung-Matrix (siehe Abb. 2.4, S. 18) sogenannte „Zellindikatoren" zuweist. Dadurch wird die notwendige Aufgabenantwort konkretisiert und eine Zuweisung erleichtert. Für die 16 Zellen ergaben sich so über 42 verschiedene Zellindikatoren, deren Formulierung aus der Analyse der Bildungsstandards, der Einheitlichen Prüfungsanforderungen für die Abiturprüfung Physik (Vgl.: Kultusministerkonferenz 2004b) und zahlreicher Musteraufgaben resultiert. Aus Praktikabilitätsgründen werden sinnverwandte Gruppen von Zellindikatoren innerhalb eines Prozesses zu sogenannten „Strangindikatoren" zusammengefasst. Jeder Prozess hat mehrere Stränge, die diesem Prozess eindeutig zugeordnet sind (siehe Abb. 5.4, S. 105).

In einem webbasierenden Verfahren kann der Experte zunächst die Aufgabenantwort einem Strang zuordnen, indem er sie mit den Strangindikatoren vergleicht. Danach muss für den ausgewählten Strang oder die ausgewählten Stränge eine abschließende Zuordnung zu Zellindikatoren vorgenommen werden, durch die die Aufgabe eindeutig einer Matrixzelle oder mehreren Matrixzellen zugewiesen wird.

2.3 Zur Textverständlichkeitsforschung

Aus der kognitiven Psychologie sind einige Ansätze zur Beschreibung des Verstehens von geschriebenen Texten bekannt. Die mit am besten evaluierten sind die Theorien von Kintch und van Dijk, die ein zyklisches Modell des Textverstehens entwarfen und das „Hamburger Verständlichkeitskonzept" von Langer, Schulz von Thun und Tausch, die das Textverständnis aufgrund von Textmerkmalen untersuchten (Vgl.: Wellenreuther 2005, S. 184 - 192).

Kintch und van Dijk entwickelten ein Modell des Textverstehens, das sowohl das Verstehen als auch das Erinnern von geschriebenem Text beschreibt. Im Gegensatz zum rein deskriptiven „Hamburger Verständlichkeitskonzept" beruhen ihre Ergebnisse auf einer breitgefächerten theoretischen Basis. Nach ihrem Modell wird Text verstanden, indem aktuell aufgenommene Propositionen des Textes mit früheren Propositionen verknüpft werden. Dabei ist eine Proposition „die kleinste Wissenseinheit, die eine selbstständige [...] Aussage bilden kann" (Anderson 1996, S. 141). Am einfachsten zu verstehen ist ein Text, wenn die Verknüpfung der Propositionen ohne Überbrückungsschluss - Folgerungen aus bereits gelerntem Wissensinhalt - möglich ist. Der Leser versucht stets, Propositionen sinnvoll aneinander zu knüpfen und zu aktiv im Gedächtnis befindlichen Propositionsstrukturen hinzuzufügen (Vgl.: Anderson 1996, S. 405 - 407). Der Schlüssel zu optimalem Textverständnis ist demnach also ein Text, bei dem sich die gelieferten Informationen möglichst lückenlos aufeinander beziehen.

Im Gegensatz dazu formuliert das „Hamburger Verständlichkeitskonzept" lediglich einen Katalog von Textmerkmalen, die in empirischen Untersuchungen zu einem besseren Textverständnis führten (Vgl.: Wellenreuther 2005, S. 184).

Empirische Untersuchungen zeigten, dass die Optimierung von Lehrbuchtexten im Sinne beider Theorien zu einem weit besseren Textverständnis führt und dass dieser Effekt umso stärker ausgeprägt ist, je geringer die Vorkenntnis des Lesers ist. Ab einer gewissen Grenze können verbesserte Lehrbuchtexte dennoch nicht zu besseren Behaltensleistungen führen (Vgl.: Wellenreuther 2005, S. 212). Außerdem zeigte sich, dass die meisten deutschen Lehrbuchtexte deutlich verbessert werden können (Vgl.: Wellenreuther 2005, S. 211).

Der Schluss, dass auch Testergebnisse verfälscht werden, wenn sie auf ein gesteigertes Textverständnis angewiesen sind und ein umfangreiches Textmaterial mitliefern, ist naheliegend. Je inkonsistenter der Text geschrieben wurde, desto mehr ist die eigentlich getestete Kompetenz das Leseverständnis:

> „Ein konsistenter Vorspann erleichtert die Bildung einer Textbasis und damit das Beantworten von Testfragen, die von einer guten Textbasis abhängen." (Wellenreuther 2005, S. 196)

Die Qualität der Texte war tatsächlich auch bei PISA einer der Kritikpunkte, der immer wieder betont wurde (Vgl.: Schmidt 2004). Aus den Experimenten von Britton und Gülgöz (1991) - auf der Basis der Theorie von Kintch und van Dijk - sowie Schulz von Thun, Göbel und Tausch (Vgl.: Wellenreuther 2005, S. 186) - Vertretern des Hamburger Verständlichkeitskonzepts - lassen sich einige einfache Regeln zur Optimierung von Lehrbuchtexten ableiten (Vgl.: Wellenreuther 2005, S. 184; 205 - 207):

Möglichst einfache Texte: Einfache Sprache, geläufige Wörter, einfache Satzkonstruktionen.

Gliederungs-Ordnung: Möglichst hohe optische Übersichtlichkeit und geordnete, vollständige, Textinhalte. Dazu sinnhafte Absätze.

Kürze / Prägnanz: Eine ausgewogene Balance zwischen sprachlicher Ausschmückung und Lehrziel (nicht zu kurz, nicht zu viele Redundanzen).

Zusätzliche Stimulanz: Integration anregender Textgestaltungselemente wie wörtlicher Rede und Bildern, aber auch lebensnaher Beispiele.

> **Kohärenz:** Kohärente Satzfolge durch Einbau von Verbindungslementen (Partikeln, Konjunktionen, Aufgreifen eines Wortes des Vorsatzes). Innerhalb eines Satzes soll zunächst das Bekannte (Thema), danach das Neue (Rhema) genannt werden (Thema-Rhema-Gliederung). Textlingustisch wird die Thema-Rhema-Gliederung des öfteren zur sogenannten Textkohäsion gerechnet, die von der Textkohärenz abgegrenzt wird. Diese Unterscheidung ist jedoch umstritten und nicht immer eindeutig, sodass in dieser Arbeit ein allgemeiner und umfassender Begriff der Textkohärenz verwendet wird (Vgl.: Glück 2000, S. 352).

Die ersten Punkte können dabei als „globale Kohärenz" auf Textebene verstanden werden, der letzte als „lokale Kohärenz" auf Satzebene. Durch diese Regeln ist bereits mit wenig Aufwand eine bessere Behaltensleistung erzielbar. Zwar sind einige der Punkte - wie die Abfolge von Thema und Rhema - im Deutschen bereits in der Mehrzahl der Fälle automatisiert, dennoch ist eine strukturierte und bewusste Befolgung anzuraten:

„Durch verständlichere Lehrtexte können für alle Schüler, insbesondere aber für die schwächeren Schüler, erheblich höhere Lernergebnisse erzielt werden." (Wellenreuther 2005, S. 21)

Gerade, dass den schwächeren Schülerinnen und Schülern hier ein Vorteil zugute kommt, sollte Anreiz genug sein. Dies ist schließlich eines der wenigen didaktischen Mittel, das den sogenannten „Matthäus-Effekt[2]"nicht zum Tragen kommen lässt. Darunter wird verstanden, dass Schülerinnen und Schüler mit kognitiv besseren Voraussetzungen und höherem Vorwissen schneller und mehr lernen. Auch in der Fachdidaktik der Physik wird das Potential zur Kenntnis genommen und die Auswirkung der Textgestaltung auf den Wissenserwerb untersucht (Vgl.: Leisen 2006). Vorläufige Erkenntnisse lassen - ganz im Einklang mit Kintch und van Dijk - die Textkohärenz als besonders bedeutend für das Verstehen

---

[2] Nach Matthäus 25, Vers 29: „Denn wer da hat, dem wird gegeben werden, und er wird in Fülle haben."

physikalischer Texte erscheinen (Vgl.: Rabe und Mikelskis 2004, S. 297).

2.4 Das Modell von Fischer und Draxler

Das Modell von Fischer und Draxler (2002) soll ein Mittel sein, mit dessen Hilfe die Bewertung von bestehenden Aufgaben nach bestimmten Kriterien möglich ist. Die Bedeutung dessen sehen die Autoren in der Vielzahl von komplexen Unterrichtssituationen, in denen Aufgaben eingesetzt werden können und den unterschiedlichen Ansprüchen, die an Aufgaben gestellt werden. Um eine differenzierte Einschätzung, ob eine Aufgabe für die ihr zugedachten Zwecke geeignet ist, zu ermöglichen, scheint es notwendig zu sein, verschiedene Aspekte gleichzeitig und im besten Falle synoptisch darstellen zu können. In einer solchen Übersicht fallen Probleme leichter ins Auge und Korrekturen werden zielgenau ermöglicht.

„Ein erster Schritt dahin ist ein System von wissenschaftlich begründeten Kategorien, mit dem bereits vorhandene Aufgaben beurteilt und daraufhin entsprechend variiert werden können." (Fischer und Draxler 2002, S. 305)

Das entworfene Kategoriensystem bedient sich im wesentlichen zweier Quellen, einerseits den im Rahmen des BLK-Programm zur Steigerung der Effizienz des mathematisch-naturwissenschaftlichen Unterrichts ermittelten Ansätzen zum Umgang mit Aufgaben (Vgl.: Häußler und Lind 1998) und andererseits Untersuchungen zur Population von TIMSS/III (Vgl.: Klieme 2000). In der Folge sollen die Kategorien dargestellt werden, nach denen Fischer und Draxler Aufgaben einschätzen.

2.4.1 Inhaltliche und curriculare Einordnung

Diese Kategorie soll die Zuordnung von Aufgaben zu den physikalischen Teilgebieten wie Mechanik, Elektrodynamik, etc. beinhalten (inhaltliche Einordnung). Außerdem soll eine Einordnung gemäß der in den jeweiligen Curricula vorgeschriebenen Sachthemen erfolgen (curriculare Einordnung). Dazu gehört auch eine Abschätzung

„inwieweit die alltagsweltlichen Aspekte [...] geeignet sind, das Interesse der Schülerinnen und Schüler zu wecken" (Fischer und Draxler 2002, S. 305).

2.4.2 Lösungswege

Hier soll der Lösungsweg der Aufgabe eingeschätzt werden - wenn mehrere Lösungswege möglich sind, erfolgt eine multiple Einschätzung. Es wird dabei unterschieden zwischen *experimentellen Lösungen*, *halbquantitativen Lösungen*, die durch die Interpretation von Graphen oder Wertetabellen geschehen, *rechnerischen Lösungen*, die unter Zuhilfenahme einer Formel gegebene Daten behandelt und *theoretischen Lösungen*, die physikalische Konzepte benötigen.

2.4.3 Antwortformat, Offenheit und Experimentierverhalten

Fischer und Draxler (2002) unterscheiden zwischen drei möglichen Antwortformaten: *Multiple Choice-Aufgaben*, bei denen unter gegebenen Antwortmöglichkeiten eine oder mehrere ausgewählt werden müssen, *Kurzantwort-Aufgaben*, die eine eigenständige Formulierung eines Satzes, einer Zahl oder einer kurzen Rechnung fordern und *Aufgaben mit erweitertem Antwortformat*, die ausführliche Rechnungen, Beweise oder sogar Aufsätze benötigen.
Des weiteren soll eine Einschätzung der Offenheit des Lösungsweges vorgenommen werden. Damit ist nicht die Unterscheidung zwischen offenen und geschlossenen Antwortformaten gemeint, sondern die Frage nach der Eindeutigkeit des vorgegebenen Lösungsweges. Es werden dazu drei Stufen unterschieden, die mit abnehmender Offenheit die Aufgabe beschreiben - von *Stufe 1*, bei der mehrere Lösungswege möglich sind und durch die Aufgabe keiner impliziert wird, bis *Stufe 3*, bei der ein eindeutiger Lösungsweg skizziert wird. *Stufe 2* lässt dabei noch einige Lösungswege zu, von denen einige auch beschrieben werden. Im Falle der Stufen 2 oder 3 wird zusätzlich zwischen den Intensitäten der Vorgabe fein differenziert. Auch hier werden drei Stufen definiert, *Vorgabe A* meint eine grobe Vorzeichnung des Lösungsweges, *Vorgabe B* eine Nennung der zu verwendenden physikalischen Methoden und *Vorgabe C*

eine in allen Einzelheiten detaillierte Skizze des einzuschlagenden Lösungsweges.

Für experimentelle Aufgaben differenzieren Fischer und Draxler (2002) zwischen *imitatorischem Experimentieren*, das die Abarbeitung einer Versuchsanleitung verlangt, *organisierendem Experimentieren*, dessen Anforderung es ist, aus gegebenem Material selbstständig einen Versuchsaufbau aufzubauen und Messungen daran durchzuführen und *konzeptuellem Experimentieren*, bei dem Aufbau und Hypothesen völlig frei sind.

2.4.4 Kompetenzstufen

Die Kompetenzstufenzuweisung zu einer Aufgabe soll einerseits ein Maß für die Schwierigkeit dieser Aufgabe sein. Andererseits soll sie eine genaue Angabe der in die Aufgabenstellung einzubringenden oder an ihr zu erlernenden Kompetenzen ermöglichen. Hierzu unterschieden Fischer und Draxler (2002) zwischen sechs Kompetenzstufen, die ein hierarchisches System bilden und sich an TIMSS orientieren.

Stufe I:	Anwenden naturwissenschaftlichen Alltagswissens
Stufe II:	Einfache Erklärung naturwissenschaftlicher Phänomene
Stufe III:	Anwenden von Gesetzen und Faktenwissen
Stufe IV:	Anwenden von Konzepten, Verfahren und Modellvorstellungen
Stufe V:	Argumentieren und Problemlösen
Stufe VI:	Überwinden von Fehlvorstellungen

2.4.5 Anforderungsmerkmale

Die Anforderungsmerkmale beschreiben detailliert die zur Lösung der Aufgabe notwendigen Fähigkeiten. Dazu wird ein Katalog von Merkmalen der Aufgaben entworfen, der sich an Klieme (2000), S. 72 - 76, anlehnt. Es wird vorgeschlagen, jedem der 16 Merkmale einen Wert auf einer Skala von 0 (=nicht von Bedeutung) bis 2

2.4 Das Modell von Fischer und Draxler

(= ohne dieses Merkmal nicht zu lösen) zuzuordnen (Fischer und Draxler 2002, S. 310).

Fischer und Draxler (2002) weisen darauf hin, dass die Zuordnung zu den Anforderungsmerkmalen nicht unabhängig von den Lösungswegen erfolgen könne. Aus diesem Grunde sei es vonnöten - genau wie bei der Zuweisung der Kompetenzstufen - jeden Lösungsweg einzeln zu bewerten.

1. Kenntnis von Definitionen und Gesetzen
2. Qualitatives Begriffsverständnis
3. Rechenfertigkeiten
4. Interpretation von Diagrammen
5. Textverständnis
6. Verständnis für Alltagssituationen
7. Verständnis für experimentelle Situationen
8. Verständnis für symbolische Zeichnungen
9. Überwindung von Fehlvorstellungen
10. Naturwissenschaftliche Arbeitsweisen
11. Visuelles Vorstellungsvermögen
12. Fähigkeiten des Problemlösens
13. Verständnis formalisierter Gesetze
14. Verständnis für funktionale Zusammenhänge
15. Kenntnis älterer Unterrichtsinhalte
16. Fähigkeit zur Kooperation

2.4.6 Unterrichtsphasen

Aufgaben können in unterschiedlichen Unterrichtsphasen eingesetzt werden und haben demzufolge unterschiedliche Intentionen. Aus diesem Grunde wird die Kategorie „Unterrichtsphasen" ebenfalls zu den relevanten Kategorien bei der Bewertung von Aufgaben gezählt. Fischer und Draxler (2002) unterscheiden zwischen drei Unterrichtsphasen:

> **Erarbeitungsphase:** Hier eingesetzte Aufgaben sollten Schülerinnen und Schüler beim „Verstehen neuer Begriffe, Gesetze und Konzepte unterstützen" (Fischer und Draxler 2002, S. 311). Desweiteren sollten sie hier detaillierte Rückmeldungen erhalten.
>
> **Übungsphase:** In dieser Phase soll „die Transferfähigkeit des Wissens und die Motivation über Kompetenzrückmeldungen" (Fischer und Draxler 2002, S. 311) gefördert werden. Gerade hier sind Aufgaben mit verschiedenen Lösungswegen vonnöten.
>
> **Leistungsmessungsphase:** Aufgaben, die hier eingesetzt werden, sollen klar abgegrenzt sein von den übrigen Unterrichtsphasen und bereits behandelten Stoff berücksichtigen.

Die Konstruktion dieses Merkmalssystem zur Differenzierung von Aufgaben wird von den Autoren als umfangreich und so detailliert eingeschätzt, dass sie es auch als Orientierungshilfe für die Konstruktion neuer Aufgaben für sinnvoll erachten. Dabei halten sie jedoch explizit fest, dass sie ihr System nicht für statisch erachten und neueste fachdidaktische Erkenntnisse fortlaufend integriert werden sollten.

> „Ein erster Schritt bei der Weiterentwicklung des Kategoriensystems wird deshalb ein diesbezüglicher Vergleich mit PISA sein." (Fischer und Draxler 2002, S. 312)

Abschnitt 3

Ein Strukturmodell zur Beschreibung und Bewertung von Aufgaben

Aufgabe dieses Kapitels ist es, die von Fischer und Draxler (2002) geforderte Weiterentwicklung des Kategoriensystems zur Beschreibung von Aufgaben zu leisten. Ziel ist dabei einerseits, ein Modell zur Beschreibung von Aufgaben zu entwickeln, das umfassend genug ist, um jegliche Art von Aufgaben zu kategorisieren, andererseits jedoch im Sinne der Intention der Arbeit einen besonderen Fokus auf PISA-Aufgaben, PISA-ähnliche Aufgaben und deren systematische Weiterentwicklung legt.

Um das sinnvoll leisten zu können, ist ein Modell zur genauen Beschreibung dieser Aufgaben nach empirisch gesicherten Kriterien unerlässlich. Nur mithilfe eines solchen Modells ist überhaupt klar, wie Aufgaben beschrieben werden können und ein objektiver Vergleich über geeignete Kriterien möglich. Außerdem fallen Schwächen eher auf und werden so korrigierbar. Anders ausgedrückt: Erst ein Modell mit systematischen und gesicherten Kriterien zur Aufgaben*beschreibung* ermöglicht auch eine objektive Aufgaben*bewertung*. Die Bewertung jedoch ist die Grundlage einer Werteskala, auf der Aufgaben einsortiert werden können und somit die Basis von Überarbeitungsansätzen.

3.1 Überarbeitungsansätze zum Modell von Fischer und Draxler

Das Modell von Fischer und Draxler (2002) ist ein Modell, das den oben beschriebenen Ansprüchen oberflächlich gerecht wird - dennoch sind seit der Formulierung in zahlreichen Forschungsbereichen der Fachdidaktik weitere Erkenntnisse gewonnen worden. Gerade die im Zusammenhang mit den Bildungsstandards stehenden Ansätze zur Kompetenzmodellierung müssen Berücksichtigung finden. Dies ist allein schon vonnöten, weil die Bildungsstandards selbst explizite Hinweise zur Aufgabenbeschreibung geben. Das Modell von Fischer und Draxler (2002) ist daran jedoch nur wenig anschlussfähig. Außerdem ist die Möglichkeit der Bewertung bei Fischer und Draxler (2002) nur implizit gegeben. Was dort unter Bewertung verstanden wird, ist nichts anderes als ein systematisch erarbeitetes Kompendium von Aufgabenkriterien - also eine Beschreibung. Nach der Überarbeitung des Modells soll auch die Bewertung anhand der Erfüllung von Qualitätskriterien möglich sein.

Der erste Schritt zur Überarbeitung und Weiterentwicklung ist also die Integration eines geeigneten Kompetenzmodells. Hierzu soll das Bremen-Oldenburger Kompetenzmodell dienen, das selbst anschlussfähig an das Modell der Bildungsstandards ist, aber in vielerlei Hinsicht eine Weiterentwicklung darstellt.

Für Aufgaben, die sehr textlastig sind, ist es lohnenswert, zu ihrer Beschreibung Kriterien hinzuzuziehen, die den Text beschreiben. Textgestaltung ist bei Fischer und Draxler (2002) bislang höchstens peripher mit einbezogen worden, indem zur Kategorie der *Anforderungsmerkmale* einer Aufgabe das *Textverständnis* hinzugezählt wird. Dies ist jedoch in den Bereich der Lesekompetenz zu zählen und trifft keinerlei Aussagen über die Qualität des Textes, sondern nur darüber, ob die Aufgabenlösung die Informationsentnahme aus einer textuellen Quelle benötigt oder nicht. Aussagekräftiger ist es, Qualitätskriterien aus den kognitionspsychologischen Ansätzen zur Verarbeitung geschriebenen Textes mit einzubeziehen. Eine Bewertung der Qualität des Aufgabentextes gelingt nur auf diese Weise.

Für in großem Umfang textbezogene Aufgaben könnten ebenfalls die Stufungen der Lesekompetenzen, wie sie bei PISA ermittelt wurden, mit einbezogen werden. Dies ist sinnvoll, wenn eine Aufgabe ihre zentrale Schwierigkeit daraus zieht, dass sie Textverständnis benötigt. Bei naturwissenschaftlichen Aufgaben soll dies jedoch in der Regel nicht der Fall sein. Auch bei PISA wird getrennt zwischen der Erhebung von Textverständnis und der Erhebung von naturwissenschaftlicher Kompetenz, denn im Idealfall soll keine Aufgabe mehrere Kompetenzen auf einmal messen. Ansonsten ist es schwierig, festzustellen, welcher Kompetenz Erfolg oder Misserfolg zuzuschreiben ist und die Validität des Testes in Frage gestellt.

Als letzter Überarbeitungspunkt erscheint es lohnenswert, die im Zuge der Untersuchungen zur neuen Aufgabenkultur geforderten Ansprüche an Aufgaben im naturwissenschaftlichen Unterricht genauer mit einzubeziehen. Fischer und Draxler (2002) sehen zwar Quellen ihres Modells auch in den Erkenntnissen des BLK-Programms, wie sie beispielsweise bei Häußler und Lind (1998) dargestellt sind. Doch eine Überprüfung dessen ist ebenso sinnvoll wie die Frage, ob nicht geeignetere und sinnvollere Kriterien daraus gewonnen werden können.

Bei genauerer Analyse zeigt sich, dass die Aufgabenbeschreibungskriterien, die Fischer und Draxler (2002) angeben, in einigen Punkten mit den hier zur Überarbeitung herangezogenen Quellen übereinstimmen (siehe Synopse: Anhang S. 100), zum Beispiels kann das Bremen-Oldenburger Kompetenzmodell in vielerlei Hinsicht Kriterien von Fischer und Draxler (2002) zusammenfassen. So entsprechen die Anforderungsmerkmale aus Fischer und Draxler (2002) zumeist einzelnen Zellen aus dem Prozess *Erkenntnisse gewinnen* des BOlKo. Ein Vergleich der Formulierungen bei Fischer und Draxler (2002) mit den Zellindikatoren des Bremen-Oldenburger Kompetenzmodell zeigt die Entsprechungen. Des weiteren sind die Kompetenzstufen ihres Modells größtenteils durch Zellen der zweidimensionalen Matrix *Prozess - Ausprägung* ersetzbar, so entspricht beispielsweise die Stufe I *Anwenden von Alltagswissen* der Zelle *Fachwissen nutzen - lebensweltlich*. Die Stufe VI *Überwinden von Fehlvorstellungen* ist nicht dem Bremen-Oldenburger Kompetenzmodell zuzuordnen, soll jedoch in einer weiteren Entwicklungsstufe des Modells berücksichtigt werden.

Auch der Vergleich mit PISA zeigt Entsprechungen, denn dort wird zur Beschreibung von Aufgaben zwischen einzelnen Aufgabenformaten unterschieden. Dies geschieht graduell anders als bei

Fischer und Draxler (2002), kommt dem aber so nahe, dass hier Entsprechungen anzunehmen sind.

Von den Forderungen einer neuen Aufgabenkultur sind ebenfalls einige Beschreibungen übernommen worden. Dort wird beispielsweise ebenso wie bei Fischer und Draxler (2002) verlangt, dass darauf zu achten sei, in welcher Phase des Unterrichts Aufgaben eingesetzt werden und dass mehrere Lösungswege zu berücksichtigen seien (bei Fischer und Draxler (2002) = Offenheit). Auch die Forderungen nach weniger Einzelarbeit wird bei Fischer und Draxler (2002) ebenso berücksichtigt (Kooperation) wie die nach der Integration vergangener Unterrichtsinhalte.

Als vorläufiges Fazit kann gezogen werden, dass das Modell von Fischer und Draxler (2002) ohne Bedeutungsverlust in einigen Kriterien durch andere Modelle ersetzt werden kann. In der Folge soll dies dargestellt und darüber hinaus dahingehend argumentiert werden, dass dieses Ersetzen Potential frei setzt, das bislang noch nicht aus dem Modell geschöpft werden kann. Dazu werden auch einzelne Kategorien und Kriterien kontrolliert ergänzt.

3.2 Darstellung des überarbeiteten Modells

In diesem Unterkapitel wird das überarbeitete Modell nach den einzelnen Kategorien aufgeschlüsselt und dargestellt. Dabei wird der Vergleich mit dem Modell von Fischer und Draxler (2002) ein wesentlicher Teil der Rechtfertigung der einzelnen Punkte sein. Unter „Kategorie" wird hier die Zusammenstellung von intentionsähnlichen oder sachgemäß zusammen gehörenden „Kriterien" zur Aufgabenbeschreibung verstanden. Diese Kriterien können im Einzelfall noch in „Unterpunkte" differenziert werden.

Besondere Bedeutung kommt den Kategorien, Kriterien und Unterpunkten zu, wenn die Einschätzung von vielen Aufgaben vorgenommen wird. Dazu werden in diesem Modell oft Begriffspaare gewählt, die die herkömmliche bzw. die geforderte Einsatzweise von Aufgaben kennzeichnen. So wird eine begründete Aussage darüber möglich, welchem dieser beiden Charaktere die Einsatzweise einer großen Zahl von Aufgaben eher zuzuordnen ist. Den Anspruch, dies leisten zu können, hatte das Modell von Fischer und

Draxler (2002) noch nicht, an dieser Stelle soll er jedoch vertreten werden. Mit diesem Anspruch verbunden ist das Potential des Modells als Bewertungsintrument für die Güte von Aufgaben im Sinne der neuen Aufgabenkultur. In den in diesem Unterkapitel zu findenden Abbildungen sind alle Kategorien, die zu einer solchen Bewertung beitragen können, weiß unterlegt, solche, die das nicht leisten können, grau. Im jeweiligen Begleittext finden sich die dazu passenden Erläuterungen und Begründungen.

3.2.1 Rahmenbedingungen

Die inhaltliche und curriculare Einordnung der Aufgaben ist ein elementarer Teil des Modells von Fischer und Draxler (2002). Die Kategorie *Rahmenbedingungen*, wie sie hier beschrieben wird, ist daraus entstanden.

Die Einordnung der curricularen und inhaltlichen Einbindung der Aufgaben geschieht bei Fischer und Draxler (2002) in Bezug auf die klassischen Themengebiete der Physik wie „Mechanik" oder „Wärmelehre", nicht aber durch vertikal vernetzte Einordnung, wie es die Bildungsstandards fordern. Es erscheint also sinnvoll, die inhaltliche Einordnung aus dem Modell von Fischer und Draxler (2002) durch die Dimension *Inhaltsbereiche/Basiskonzepte* des Bremen-Oldenburger Kompetenzmodells zu ersetzen. Da das BOl-Ko ein wesentlicher Teils des Modells zur Aufgabenbeschreibung sein wird, ist dieses Kriterium in der unten dargestellten Kategorie *Bremen-Oldenburger Kompetenzmodell* berücksichtigt.

In der Kategorie *Rahmenbedingungen* werden äußere Einflüsse und allgemeine Faktoren, die die Aufgabe betreffen, subsumiert. Dazu zählt zunächst die curriculare Einordnung, die auch Fischer und Draxler (2002) fordern; dies scheint für die Praxis gerade von besonderer Bedeutung zu sein und gewährleistet die Verwendbarkeit einer bestimmten Aufgabe im Unterricht. Die Anschlussfähigkeit des Modells an die Curricula der einzelnen Länder ist somit sicher gestellt. Wird eine Aufgabe im Unterricht als Testaufgabe eingesetzt, so ist neben der curricularen Validität - also der Übereinstimmung der durch die Aufgabe geforderten Kompetenzen mit den Anforderungen der Länder - auch die Lerngelegenheit ein Qualitätskriterium (Vgl.: Lukesch 1998, S. 514) und kann hier eingestuft werden.

Eine weitere Unterscheidung, die bei der Einschätzung einer Aufgabe in die Kategorie *Rahmenbedingungen* getroffen werden muss, ist die zwischen Test- und Lernaufgaben. Die Intention einer Aufgabe beeinflusst die Aufgabenkonstruktion entscheidend, schon bei der Wahl der Aufgabenformate wird der Ersteller eines Tests eher den durch hohe Auswerteobjektivität ausgezeichneten geschlossenen Formaten vertrauen, während dies für eine Lernaufgabe nur eine untergeordnete Rolle spielt. Des Weiteren ist die Unterscheidung im Zusammenhang mit den Forderungen der neuen Aufgabenkultur von Interesse; die Erhebung des Status quo der Aufgabenverwendung im Unterricht führte schließlich zu dem Ergebnis, dass Aufgaben oft zu Testzwecken verwendet werden. Lernaufgaben und Aufgaben zu Übungszwecken hingegen sind in der Minderheit. Wenn also eine Einschätzung der Konformität der Aufgabe mit Forderungen der neuen Aufgabenkultur das Ziel ist, dann muss auch ihre Intention erfasst werden. Das einzige Kriterium darf sie freilich nicht sein; auch ist keineswegs klar, dass Testaufgaben nicht zu Lernzwecken eingesetzt werden können.

Das nächste Kriterium von Bedeutung ist die Bestimmung der *Einbindung* der Aufgabe. Eine für sich allein stehende Aufgabe hat einen anderen Charakter als eine Aufgabe, die Teil einer Serie von Aufgaben ist. Diese Unterscheidung ist auch im Rahmen der neuen Aufgabenkultur von Bedeutung, da hier die Forderung von gut aufeinander abgestimmten Aufgaben einer Serie erhoben wurde.

Ebenfalls aus den Prämissen der neuen Aufgabenkultur stammt der Anspruch, dass es auch Aufgaben geben müsse, die eine fächerübergreifende Vernetzung von Stoff schaffen können. Aus diesem Grunde wird dieses Kriterium (*Fachgrenze*) auch in der Kategorie Rahmenbedingungen erhoben.

Im Modell von Fischer und Draxler (2002) sind die letzten drei Kriterien nicht von Bedeutung. Dass sie den Charakter einer Aufgabe entscheidend mit beeinflussen, ist dennoch nach den im Rahmen der neuen Aufgabenkultur gewonnenen Erkenntnissen eine gut zu vertretende Hypothese.

Die Kategorie *Rahmenbedingungen* verlangt also die folgenden Einschätzungen (Abb. 3.1):

3.2 Darstellung des überarbeiteten Modells

Rahmenbedingungen	Curriculum:				
	Intention	Lernen	☐	☐	Testen
	Einbindung	Serie	☐	☐	Einzeln
	Fachgrenze	Übergreifend	☐	☐	Ein Fach

Abb. 3.1: Die Kategorie *Rahmenbedingungen* des verwendeten Modells zur Beschreibung von Aufgaben

3.2.2 Aufgabenformat

Die Kategorie *Aufgabenformat* ist aus der Kategorie *Antwortformat, Offenheit und Experimentierverhalten* des Modells von Fischer und Draxler (2002) entstanden. Dort wird eine Differenzierung von Aufgaben vorgenommen, die aus mehreren Antwortmöglichkeiten die korrekte auswählen lassen (Multiple Choice), solchen, die als Antwort die Formulierung eines kurzen Satzes benötigen und solchen, die komplexere Anweisungen geben, wie das Schreiben eines Aufsatzes oder das Anfertigen einer Zeichnung. Es erscheint geeigneter, zunächst eine dichotomische Unterscheidung von geschlossenen und offenen Aufgabenformaten zu treffen. Dies ist sinnvoll, weil geschlossene Aufgabenformate generell andere kognitive Fähigkeiten erfordern als offene (Vgl.: Kircher u. a. 2001, S. 306). Auch bei PISA ist diese Unterscheidung getroffen worden.

> „Just over half of the [...] assessment (55 per cent) will be based on multiple-choice items and other questions with more or less specified answers requiring little subjective judgement on the part of the marker. The rest, 45 per cent, will require students to construct their own answers." (OECD Directorate for Education, Employment, Labour and Social Affairs 2001, S. 23)

Die Anschlussfähigkeit an PISA wird durch diese generelle Trennung also erleichtert. Die Unterscheidungen innerhalb dieser Kriterien können bei den offenen Aufgabenformaten von Fischer und Draxler (2002) übernommen werden, bei den geschlossenen hingegen wird hier zwischen Multiple Choice-Aufgabe, die nur eine richtige Antwort auswählen lassen und Multiple Select-Aufgaben, bei denen mehrere Behauptungen aus einer gegebenen Anzahl von Behauptungen richtig sind, unterschieden. Hier wird davon ausgegangen, dass letztere wegen der Mehrzahl an Entscheidungen, die getroffen werden müssen - bei jeder Behauptung muss entschieden werden, ob sie richtig oder falsch ist - im Durchschnitt für andere Zwecke geeignet sind.

Das Kriterium der *Offenheit* aus Fischer und Draxler (2002) wurde in dieser Kategorie gestrichen. Dies ist sinnvoll, da an späterer Stelle aufgrund der besseren Gruppierung und der bedeutenden Stellung der Art des Lösungsweges für die Aufgaben eine eigene Kategorie *Lösungswege* eingeführt wurde, die eine nähere Bestimmung ermöglicht.

Gestrichen wurde ebenfalls das Kriterium *Experimentierverhalten*. Im Bremen-Oldenburger Kompetenzmodell ist durch die Einstufung der einzelnen Ausprägungen im Prozess *Erkenntnisse gewinnen* eine umfassendere Möglichkeit zur Einstufung gegeben, sodass dies verlustfrei geschehen kann.

Zu erwähnen ist, dass bei der Einschätzung, ob eine große Anzahl von Aufgaben eher den aktuellen Forderungen entspricht, durch die Kategorie *Aufgabenformat* keine unterstützende Einschätzung möglich ist. Das Lösungsformat ist nicht die primär bestimmende Komponente für die Art der Aufgabe und des Aufgabeneinsatzes, sie ermöglichen zwar die Messung unterschiedlicher kognitiver Anforderungen unterschiedlich gut - doch zwischen diesen Anforderungen kann keine qualitative Unterscheidung im Sinne der neuen Aufgabenkultur vorgenommen werden. Es sollten lediglich des öfteren unterschiedliche Aufgabenformate verwendet werden. Aus diesem Grunde sind die Kriterien in Abb. 3.2 leicht grau hinterlegt.

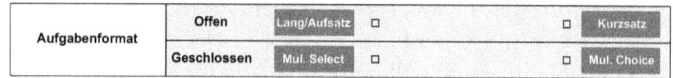

Abb. 3.2: Die Kategorie *Aufgabenformate* des verwendeten Modells zur Beschreibung von Aufgaben

3.2.3 Aufgabenkultur

Die Kategorie *Aufgabenkultur* hat mehrere Ursprünge. Zum einen ist dies das Kriterium *Interesse* aus der Kategorie *inhaltliche und curriculare Einordnung* des Modells von Fischer und Draxler (2002). Dort wird der Aufgabenkontext als bedeutsam für die

3.2 Darstellung des überarbeiteten Modells

Entwicklung von Motivation der Schülerinnen und Schüler eingestuft und dessen Alltagsnähe untersucht. In dem hier verwendeten Modell wird ebenfalls davon ausgegangen, dass der Aufgabenkontext in hohem Maße motivierend sein kann und den Interessen der Schülerinnen und Schüler entgegen kommen muss (Vgl. dazu auch: Gröger u. a. 2002, S. 21) - es wird jedoch in stärkerem Maße Bezug auf die Motivations- und Interessenforschung genommen. Die alleinige Beschränkung des Kontextes auf eine möglichst hohe Alltagsnähe ist irreführend, da unter anderem Aspekte der unterschiedlich gelagerten Interessen von Mädchen und Jungen nur unzureichend Berücksichtigung finden.

Das Kriterium *Interesse* wird also in die Kategorie *Aufgabenkultur* integriert und stark ausdifferenziert. Ganz im Einklang mit den in Kapitel 2.1.2 auf Seite 10 genannten Erkenntnissen über interessefördernde Kontexte resultiert das Kriterium *Bezug*, das - anders als bei Fischer und Draxler (2002) - Einstufungen auf einer zweistufigen Skala verlangt. Die einzelnen Unterpunkte sind *Alltag, Natur, Mensch, Gesellschaft* und *Anwendung*. Es werden also besonders gendersensible Aufgabenbezüge eingeschätzt. Dies ist auch ein Kriterium für nach aktuellen Forderungen gestalteten Aufgaben.

Ebenfalls in die Kategorie *Aufgabenkultur* einsortiert ist die Einstufung der Unterrichtsphasen in die Unterpunkte *Erarbeitung, Übung* und *Test*. Bei Fischer und Draxler (2002) ist sie noch eigenständig - in diesem Modell jedoch kann eine Eingliederung in die Kategorie *Aufgabenkultur* stattfinden, da die neue Aufgabenkultur explizit verlangt, dass Aufgaben in allen Unterrichtsphasen einzusetzen seien - während sie herkömmlicherweise vor allem in Test- und Übungsphasen Verwendung finden. Dies führt jedoch auch dazu, dass mithilfe dieses Kriteriums keine unterstützende Aussage darüber getroffen werden kann, ob eine große Zahl von untersuchten Aufgaben nach aktuellen Forderungen gestaltet worden ist, da Aufgaben gleichberechtigt in jeder Phase eingesetzt werden sollten.

Ein weiteres Kriterium ist die Frage nach Einbindung vergangener Unterrichtsinhalte in die Aufgabe (*Alter Stoff*). Dies ist bei Fischer und Draxler (2002) Teil der Kategorie *Anforderungsmerkmale*, aus systematischen Gründen ist es jedoch ebenso möglich, dieses Kriterium der Kategorie *Aufgabenkultur* zuzuordnen. Ansonsten unterscheidet es sich nicht von seinem Ursprung. Die Relevanz wird durch den Verweis auf die Forderung, dass die Vernetzung von altem und neuem Stoff durch Aufgaben geschehen solle, ausreichend begründet.

In der Kategorie *Aufgabenkultur* ist außerdem noch das Kriterium *Kooperation* von Bedeutung. Auch das stammt aus den *Anforderungsmerkmalen* von Fischer und Draxler (2002) und ist wegen der hohen Bedeutung für die Aufgabenkultur in die entsprechende Kategorie eingeordnet worden. Beschrieben ist damit im Wesentlichen die Unterscheidung zwischen Einzel-, Partner- und Gruppenarbeit, die jeweils andere Ansprüche an die Bearbeiter aber auch an die Aufgabe stellen.

Da im Zusammenhang mit neuer Aufgabenkultur auch gefordert wurde, der „Rückwärtssuche" bei Physikaufgaben entgegenzuwirken, indem mehr Größen als benötigt genannt werden, ist das Kriterium *überdeterminiert* in diese Kategorie einsortiert. Es ist insbesondere bei quantitativen Aufgaben von Bedeutung. Das Kriterium hat keinen Ursprung im Modell von Fischer und Draxler (2002), ist aber bei der Frage, ob eine große Anzahl von Aufgaben den modernen Ansprüchen genügen kann, von Interesse.

Es ergibt sich also die Formulierung der Kategorie „Aufgabenkultur" in Abb. 3.3.

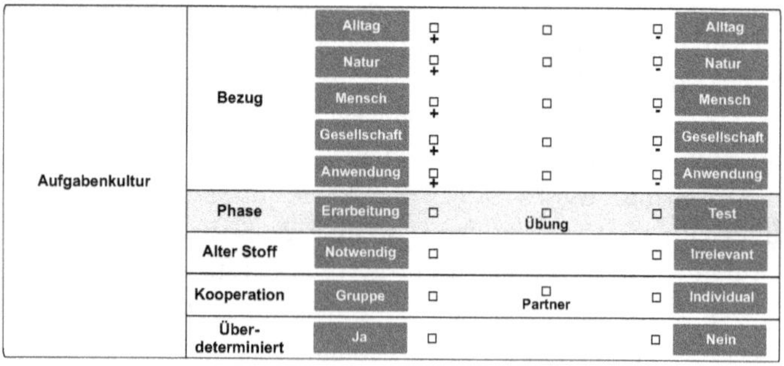

Aufgabenkultur	Bezug	Alltag	☐	☐	☐	Alltag
		Natur	☐	☐	☐	Natur
		Mensch	☐	☐	☐	Mensch
		Gesellschaft	☐	☐	☐	Gesellschaft
		Anwendung	☐	☐	☐	Anwendung
	Phase	Erarbeitung	☐	Übung ☐	☐	Test
	Alter Stoff	Notwendig	☐		☐	Irrelevant
	Kooperation	Gruppe	☐	Partner ☐	☐	Individual
	Überdeterminiert	Ja	☐		☐	Nein

Abb. 3.3: Die Kategorie *Aufgabenkultur* des verwendeten Modells zur Beschreibung von Aufgaben

3.2.4 Lösungswege

Alle Kriterien, die die Lösungswege betreffen, sind wegen ihrer hohen Bedeutung für das Aufgabenlösen und die Anforderungen einer Aufgabe in einer eigenen Kategorie zusammengefasst worden. Aus dem Modell von Fischer und Draxler (2002) stammt hierbei insbesondere die Frage nach der *Arbeitsweise*, die ein Lösungsweg verlangt. Dort wird unterschieden zwischen experimentellen, halbqualitativen, rechnerischen und theoretischen Lösungen; diese Differenzierung resultiert aus den Forderungen einer neuen Aufgabenkultur, deshalb soll sie auch in diesem Modell beibehalten werden.

Für die Beurteilung von Aufgaben nach der Berücksichtigung moderner Forderungen ist das Kriterium jedoch unbedeutend, da jeder Lösungsweg für sich zwar andere Ansprüche und Fertigkeiten verlangt, aber nicht in dieser Hinsicht zu bewerten ist. Das gilt ebenso für das Kriterium *gegeben?*. Hier soll eingestuft werden, ob eine Aufgabe eine gegebene Musterlösung mitliefert, die nachvollzogen werden soll. Ein Sonderfall dessen ist eine explizit falsche Musterlösung, in der die Fehler gesucht werden sollen. Wie in Kapitel 2.1.2, S.9, dargestellt ist, stellt der positive Umgang mit Fehlern ebenso eine Forderung der neuen Aufgabenkultur dar wie das gezielte und bedachte Einstreuen von Musterlösungen, um einzelne Sachverhalte am Fallbeispiel erlernen zu können.

Ebenfalls wichtig in diesem Zusammenhang - und darüber hinaus aus dem Modell von Fischer und Draxler (2002) entnommen - ist die Frage nach der Art der *Aufgabenführung*. Hier wird eine grobe Unterscheidung von einem (*konvergent*) oder mehreren (*divergent*) Lösungswegen vorgenommen, die auszureichen scheint, um ebenfalls ein Kriterium für zeitgemäße Aufgaben bieten zu können. Eine nähere Differenzierung der Lösungswege kann über das Bremen-Oldenburger Kompetenzmodell erfolgen, sodass die feinere Differenzierung über die konkreten Beschreibungen der vorgegebenen Lösungswege, die bei Fischer und Draxler (2002) noch Teil des Modells war, nicht mehr notwendig ist. Ist der Lösungsweg direkt gegeben, so gelingt die Einstufung über die Kategorie *gegeben?*, ist er das nicht, so werden durch die Aufgabe andere Anforderungen gestellt, die sich im BOlKo ausdrücken. Ein Beispiel dafür ist eine Aufgabe, die ein bestimmtes Diagramm erstellen lässt. Im Modell von Fischer und Draxler (2002) muss hier noch eine Einstufung in Stufe 3 vorgenommen (*Lösungsweg gegeben*) und dann feiner differenziert werden, sodass Vorgabe C resultiert (*genaues Vorschreiben des Lösungsweges*). In diesem Modell ist die Einstufung der Aufgabenführung nur als *konvergent* vorzunehmen und im Bremen-Oldenburger Kompetenzmodell durch den Zellindikator *...nutzt eine vorgegebene Darstellungsform sachgerecht* der Zelle *Kommunizieren - nominell reproduktiv* zuzuweisen. Dieses Vorgehen ersetzt also die Feindifferenzierung bei Fischer und Draxler (2002).

Es ergeben sich somit für die Kategorie *Lösungswege* die Kriterien in Abb. 3.4.

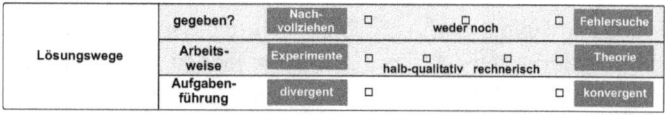

Abb. 3.4: Die Kategorie *Lösungswege* des verwendeten Modells zur Beschreibung von Aufgaben

3.2.5 Anforderungsmerkmale

Die Kategorie *Anforderungsmerkmale* ist bei Fischer und Draxler (2002) noch die umfangreichste des Modells und besteht aus einem 16-punktigen Kriterienkatalog. Da viele der Kriterien durch die anderen Kategorien und insbesondere durch einzelne Zellen des Bremen-Oldenburger Kompetenzmodell ersetzt werden können, ist es nicht notwendig, alle aufrecht zu erhalten. Das hier wichtigste Kriterium ist die Frage nach der Berücksichtigung von *Alltagsvorstellungen* in der Aufgabe. Es wird unter anderem als Charakter einer modernen Aufgabe verstanden, gerade Alltagsvorstellungen zu berücksichtigen und explizit zu thematisieren - aus diesem Grund ist es notwendig, dass eine Aufgabe auch in dieser Hinsicht beurteilt wird. Bei Fischer und Draxler (2002) wurde dies bereits so formuliert und an dieser Stelle muss es aufrecht erhalten werden, da das Kriterium noch nicht explizit im Bremen-Oldenburger Kompetenzmodell mit einbezogen ist und somit an anderer Stelle Berücksichtigung finden muss.

Das gilt auch - mit Abstrichen - für das Kriterium *visuelle Vorstellung*. Es erscheint jedoch für die Beurteilung der Gesamtheit aller Aufgaben hinsichtlich ihrer Entsprechung mit modernen Forderungen nicht als ein notwendiges Kriterium, sodass es in Abb. 3.5 grau hinterlegt erscheint.

Es ist auffällig, dass im Modell von Fischer und Draxler (2002) die große Mehrheit aller Anforderungskriterien einzelnen Zellen der Kompetenzmatrix *Prozess - Ausprägung* im Bremen-Oldenburger Kompetenzmodell entspricht (siehe auch Tabelle S. 100). Diese Entsprechungen sind jedoch sehr einseitig gelagert, denn die Anforderungsmerkmale beziehen sich ausschließlich auf die Prozesse *Fachwissen nutzen* und *Erkenntnisse gewinnen*. Daraus lässt sich erkennen, welche zusätzliche Ausdruckskraft ein Strukturmodell zur Beschreibung von Aufgaben gewinnt, wenn das Bremen-Oldenburger Kompetenzmodell in ihm berücksichtigt wird. Gerade der Katalog der Anforderungsmerkmale wird zudem bedeutend verschlankt.

Anforderungsmerkmale	visuelle Vorstellung	Ja	☐	☐	Nein
	Alltagsvorstellungen	Ja	☐	☐	Nein

Abb. 3.5: Die Kategorie *Anforderungsmerkmale* des verwendeten Modells zur Beschreibung von Aufgaben

3.2.6 Textbarriere

Diese Kategorie hat ihren Ursprung im Kriterium *Textverständnis* des Modells von Fischer und Draxler (2002). In dieser Arbeit wird jedoch davon ausgegangen, dass für die optimale Bearbeitung einer naturwissenschaftlichen Aufgabe der Bezugspunkt gewechselt werden muss: Nicht nur der Schüler hat ein hohes Textverständnis zu haben, sondern der Text hat möglichst gut verständlich zu sein. Gerade bei Lernaufgaben mit hohem textuellem Bezug sollte nicht schon das Verstehen des Kontextes die Hürde sein, an der der Lerner scheitert. Ansonsten ist ihm das Erlernen naturwissenschaftlicher Kompetenzen an einer solchen Aufgabe verwehrt. Aus diesem Grunde ist es lohnenswert, zur Aufgabenbeschreibung Kriterien der Textverständlichkeit hinzuzuziehen, wie sie in Kapitel 2.3, S. 20, beschrieben sind.

Das erste der dort genannten Kriterien, „einfache und geläufige Sprache", ist jedoch am Text nur schwer nachweisbar. Einfache und geläufige Wörter sind so relativ, dass dort keine objektive Einschätzung möglich ist. Im Gegensatz dazu ist das Kriterium *Gliederung* am Text zu erkennen: Sinnvoll gesetzte Absätze und eine hohe Ordnung auf Ebene der Textkörpergestaltung gestatten durchaus ein Urteil über deren Berücksichtigung. Als Maß für die „Prägnanz" wurde als weiteres Kriterium der Satzbau benannt und in die Pole *hypotaktisch* und *parataktisch* unterteilt. Ersteres meint dabei einen Satzbau mit einer hohen Anzahl von untergeordneten - subordinativen - Nebensätzen, während zweiteres gerade dies ausschließt (Vgl.: Sommerfeldt und Starke 1998, S. 234). Hier ist das Optimum eine Balance, also weder ein zu parataktischer noch ein zu hypotaktischer Satzbau.

Das Kriterium *zusätzliche Stimulanz* verlangt die Einschätzung, ob zusätzliche gestalterische Mittel wie Bilder, wörtliche Rede o.ä. bei der Textkonstruktion genutzt wurden, sodass der Text lebendiger und adressatennäher erscheint. Dies kann unter Umständen sogar durch den Einsatz von Formeln im Text geschehen. Sie können auch als illustrierendes Element verstanden werden und Erläuterungen auf verbaler Ebene auf der Kodierungsebene der Mathematik sinnvoll zusammenfassen. Dass Redundanzen das Verständnis erhöhen, wenn sie nicht exzessiv im Text vorkommen, ist ebenfalls eine Erkenntnis der Textverständnisforschung. Für physikalische Texte haben Müller und Heise (2006) gezeigt, dass dies für die Illustration des Textes mit Formeln nachgewiesen werden kann (Vgl.: Müller und Heise 2006, S. 66).

Wichtig ist ebenfalls die Einschätzung, ob der Satzbau *kohärent* ist, also der Bezug der Sätze aufeinander gegeben ist. Dies gelingt beispielsweise durch das Aufgreifen eines Wortes des Vorsatzes oder durch den maßvollen Einsatz von Partikeln und Konjunktionen. Gerade für den deutschen Satzbau von Bedeutung ist dabei das Einhalten der Thema-Rhema-Abfolge innerhalb eines Satzes. Hier wird also die Einschätzung verlangt, ob die Sätze zum großen Teil zunächst über bekannte Sachverhalte aufklären und dann erst die neuen hinzufügen oder nicht.

Es wird hier davon ausgegangen, dass die Gestaltung verständlicher Texte zumindest bei Lernaufgaben ebenfalls Teil eines Urteils über die Einhaltung moderner Kriterien bei der Aufgabengestaltung sein muss. Aus diesem Grunde werden dazu die Kriterien der Kategorie *Textbarriere* mit einbezogen.

Es ergeben sich für die Kategorie *Textbarriere* also die Kriterien in Abb. 3.6.

Textbarriere	Lernaufgabe	Gliederung	⚥	□	⚥	Gliederung
		Hypotaktisch	□	□	□	Parataktisch
		zusätzliche Stimulanz	⚥		⚥	zusätzliche Stimulanz
		Kohärenz	⚥	□	⚥	Kohärenz

Abb. 3.6: Die Kategorie *Textbarriere* des verwendeten Modells zur Beschreibung von Aufgaben

3.2.7 Bremen-Oldenburger Kompetenzmodell

Die Kategorie *Bremen-Oldenburger Kompetenzmodell* ist von entscheidender Bedeutung für das Beschreibungsmodell von Aufgaben. Wie bereits gezeigt wurde, kann es in vielerlei Weise einzelne Komponenten des Modells von Fischer und Draxler (2002) ersetzen und ein Strukturmodell zur Beschreibung von Aufgaben in seiner Aussagekraft entscheidend erweitern. Aus diesem Grund sind vier der fünf Dimensionen des Bremen-Oldenburger Kompetenzmodell in diesem Modell durch drei Kriterien berücksichtigt worden.

Die beiden Dimensionen *Prozess* und *Ausprägung* sind in einer Matrix (Vgl.: Abb. 2.4, S. 18) so miteinander verbunden, dass ihre einzelnen Zellen als Einstufung in das Kriterium *Prozess/Ausprägung* ausreichen. Zur vertikalen Vernetzung der Aufgaben ist die Dimension *Inhaltsbereiche* als Kriterium berücksichtigt worden, obwohl sie in ihren Unterteilungen noch offen ist.

Die Dimension *kognitive Anforderungen* wurde ebenfalls als Kriterium mit aufgenommen, da hier einige Ergänzungen zur Kategorie *Anforderungsmerkmale* erwartet werden können. Die einzelnen Unterpunkte lauten dabei *konvergentes Denken, divergentes Denken, Umgang mit mentalen Modellen* sowie *Umgang mit Zahlen* (Vgl.: Theyßen u. a. 2007, S. 2). Gerade die ersten beiden Punkte gestatten im Sinne der neuen Aufgabenkultur möglicherweise interessante Aussagen.

Der Wert des Kriteriums *Prozess/Ausprägung* ist bei der Darstellung der anderen Modellkategorien bereits deutlich geworden, da es viele Kriterien von Fischer und Draxler (2002) subsumiert und sinnvoll erweitert.

Die Dimension *Kontext* des Modells ist für die Aufgabenbeschreibung nicht vonnöten. Zwar ist es erwiesen, dass der Kontext Erklärungen von Schülern beeinflusst (Vgl.: Schecker und Parchmann 2006, S. 69), aber weil diese Aufgaben sowieso Teil eines Lernprozesses in der Schule sein sollen, ist es nicht zwingend notwendig, die Dimension *Kontext* in ihrer gesamten Ausdrucksmächtigkeit in einem Beschreibungsmodell für Aufgaben zu berücksichtigen. Im Sinne der neuen Aufgabenkultur ist ein ganz bestimmter Aufgabenkontext von Bedeutung, der in dieses Modell bereits in die Kategorie *Aufgabenkultur* mit dem Kriterium *Bezug* integriert wurde. Dieses Kriterium kann also auch als Teil der Dimension *Kontext* des BOlKo gedeutet werden. Um es jedoch von ihr zu unterscheiden und auszudrücken, dass es nur Teile der Dimension umfasst, wurde die terminologische Trennung der Begriffe vorgenommen.

Aus diesem Überlegungen resultieren für die Kategorie *Bremen-Oldenburger Kompetenzmodell* die Kriterien in Abb. 3.7. Bei der Einschätzung der Aufgaben wird sich aus Gründen der Aussagekraft und des Pragmatismus darauf beschränkt, mithilfe des indikatorbasierenden Verfahrens die Hauptschwierigkeit der Aufgabe einzuschätzen. Dies führt dazu, dass jede Aufgabe eindeutig einer Zelle der Matrix Prozess/Ausprägung zugeordnet wird.

Bremen-Oldenburger Kompetenzmodell	Prozess / Ausprägung:_____
	Inhaltsbereiche:_____
	kognitive Anforderung:_____

Abb. 3.7: Die Kategorie *Bremen-Oldenburger Kompetenzmodell* des verwendeten Modells zur Beschreibung von Aufgaben

3.2.8 Inhaltsrepräsentation

Das Bremen-Oldenburger Kompetenzmodell beschreibt im Prozess „Kommunikation" - anders als die Bildungsstandards - nur eine aktive Form der Kommunikation. Immer wenn ein Schüler mit seiner Außenwelt über naturwissenschaftliche Themen in Kontakt tritt und sich aktiv mitteilt, wird dies durch den Prozess beschrieben. Das Erschließen von Informationen hingegen wird als Zusatzkodierung erhoben (Vgl.: Theyßen u. a. 2007, S. 8). Zwar wird eingestanden, dass zu erwarten sei, dass „die Art, wie die zur

3.2 Darstellung des überarbeiteten Modells

Bearbeitung nötigen Informationen in der Aufgabenstellung kodiert sind, Einfluss auf die Lösungswahrscheinlichkeit hat" (Theyßen u. a. 2007, S. 8), trotzdem gerät dieser Aspekt in den Hintergrund. Gerade bei Aufgaben, die viele Informationen zur Aufgabenlösung bereits in sich tragen und in verschiedener Form kodiert haben, ist er dennoch von großer Bedeutung. Aus diesem Grund wird er in das Strukturmodell zur Beschreibung von Aufgaben als eigene Kategorie „Inhaltsrepräsentation" eingeführt. Zugrunde liegt der Kategorie die weit gefasste Definition von Texten, wie sie bei PISA verwendet wird:

> „Eine wichtigere Form der Klassifizierung von Texten, die auch im Rahmen von OECD/PISA als zentrale Grundlage der Organisation des Lesetests dient, besteht in der Unterscheidung zwischen kontinuierlichen und nicht-kontinuierlichen Texten. Kontinuierliche Texte bestehen normalerweise aus Sätzen, die in Absätzen organisiert sind. Diese wiederum können Teil von noch größeren Strukturen wie Abschnitten, Kapiteln oder Büchern sein. Nicht-kontinuierliche Texte liegen häufig im Matrixformat vor und beruhen auf Kombinationen von Listen." (Deutsches PISA-Konsortium 2000, S. 29)

Auch in dieser Kategorie wird zwischen den beiden Kriterien „kontinuierlich" und „diskontinuierlich" differenziert. Dies hat den Vorteil, dass die Beschreibung von Aufgaben im PISA-Stile vereinfacht wird und verbreitete sowie anschlussfähige Kriterien verwendet werden. Innerhalb dieser Kriterien wird darüber hinaus eine Unterscheidung zwischen „fachlichen" und „alltäglichen" Texten vorgenommen. Ein Beispiel für einen alltäglichen, kontinuierlichen Text wäre ein Zeitungsartikel, für einen alltäglichen, diskontinuierlichen Text die Bundesligatabelle. Für einen fachlichen, diskontinuierlichen Text kann ein Energieflussdiagramm als Beispiel genannt werden und für einen fachlichen, kontinuierlichen Text ein Lehrbuchtext aus einem Physikbuch.

Des Weiteren kann angegeben werden, ob die Information zur Lösung der Aufgaben in den jeweiligen Texten bereits vorhanden ist („ablesen") oder ob zusätzliche Information hinzugefügt werden muss („ergänzen"). Dies ist eine wichtige Unterscheidung, da viele Aufgaben darauf abzielen, gelerntes Wissen zu aktivieren, hier wird also nur ein Teil der Information in der Inhaltsrepräsentation bereits geliefert. Es findet somit eine Vernetzung von Aufgabentext und Lernstoff statt. Andere Aufgaben hingegen liefern alle Informationen mit sich; diese müssen nur geschickt gefunden oder zusammengesetzt werden. Der Unterschied ist also in etwa so wie zwischen einem Kreuzworträtsel, das zusätzliche Information aus der Allgemeinbildung verlangt, und einem Sudoku, bei dem bereits aus der Anfangsposition die Lösung determiniert ist und die vorhandene Information nur geschickt entschlüsselt werden muss. Eine Einstufung in diese Kategorie soll jedoch nur erfolgen, wenn tatsächlich wesentliche Informationen zur Aufgabenlösung aus einem Text entnommen werden müssen - die bloße Formulierung der Aufgabenstellung reicht hierfür nicht aus.

Diese Kriterien tragen zur Bewertung der Aufgabenkultur wenig bei, es ist jedoch zu erwarten, dass sie gerade bei der Beschreibung von PISA-Aufgaben von Wert sein können. Des Weiteren wird somit das Modell von Fischer und Draxler (2002) mit seinen Anforderungsmerkmalen „Interpretation von Diagrammen" und „Verständnis für symbolische Zeichnungen" integriert. Anzumerken ist, dass nur bei einer Inhaltsrepräsentation in kontinuierlichen Texten auch die Kategorie „Textbarriere" eingestuft werden kann. Es ergeben sich die Kriterien in Abb.3.8, S. 44.

Abb. 3.8: Die Kategorie inhaltliche Repräsentation des verwendeten Modells zur Beschreibung von Aufgaben

3.3 Wert des Modells, Vorgehen bei der Einstufung und Auswerteobjektivität

Das hier skizzierte Strukturmodell kann zweierlei leisten. Zum einen ist es an die Bildungsstandards anschlussfähig und somit zur Beschreibung von Aufgaben im Sinne der Bildungsstandards geeignet. Zum anderen kann es auch eine Bewertung von Aufgaben im Sinne der neuen Aufgabenkultur leisten, indem es in vielerlei Kriterien bipolare Skalen verwendet, deren einer Pol den modernen Anforderungen an Aufgaben in Lernprozess und Unterricht

3.3 WERT DES MODELLS, VORGEHEN BEI DER EINSTUFUNG UND AUSWERTEOBJEKTIVITÄT

entspricht und der andere den herkömmlichen. Die zur Unterscheidung dieser Arten geeigneten Kriterien sind in den Abbildungen weiß hinterlegt, die anderen grau. Diese Unterscheidung ist selbstverständlich nur sinnvoll, wenn eine große Zahl von Aufgaben zur Bewertung in dieses Modell eingestuft wird. Eine Aufgabe für sich kann zwar gut oder schlecht sein, aber nicht modern oder unmodern - denn die neue Aufgabenkultur legt Wert auf Variation, die auch die herkömmliche Verwendung von Aufgaben integriert.

In diesem Modell werden somit auch die Forderungen an einen „Aufgabencheck" erfüllt, der die gesamte Aufgabenkultur kritisch betrachtet. Städel (2003) empfiehlt dazu, anhand eines Kategoriensystems Aufgaben einzustufen. Die Aufgaben seien im Anschluss danach zu bewerten, wie sehr sie die Kategorien erfüllten; für viele Aufgaben könne so ein Rückschluss auf die Aufgabenkultur gewonnen werden. Dieser Vorschlag entspricht den aktuellen Empfehlungen des „Programms zur Steigerung der Effizienz des naturwissenschaftlichen Unterrichts (SINUS)" (Vgl.: Gropengießer u. a. 2006, S. 148) ebenso wie dem Vorgehen der Einstufung in dem hier verwendeten Modell.

Es gelingt also die Integration zweier verschiedener Ansätze: Die reine Beschreibung von Aufgaben wie bei Fischer und Draxler (2002) und die Bewertung der Aufgabenkultur wie bei Städel (2003), wenn das Modell für viele Aufgaben verwendet wird. Somit wird indirekt auch eine begründetere Einstufung von verschiedenen Aufgabentypen möglich, wie sie Müller und Horn (2001) für Aufgaben in Lehrbüchern vorgenommen haben (Vgl.: Abb. 5.2, Kapitel 2.1.1, S. 100).

Da die einzelnen Kriterien darüber hinaus aus einem festen empirischen oder theoretischen Fundament resultieren, ist zu erwarten, dass das Modell eine wirkliche Aussagekraft über die Qualität der Verwendung einzelner Aufgaben oder Gruppen von Aufgaben im Unterricht hat.

Bei der Einstufung in das Modell sind die einzelnen Unterpunkte der Kriterien und Kategorien kodiert worden. Generell kann konstatiert werden, dass den Unterpunkten rechts im Gesamtmodell (siehe Abb. 5.3, S. 106) der Wert „0" zugeordnet wurde, während die Unterpunkte links den Wert „1" bekamen. Bei den Kriterien, die lediglich die formale Unterscheidung zwischen zwei Unterpunkten benötigen, ist die Kodierung damit beendet und ein

Durchschnittswert über alle Aufgaben zeigt gleichzeitig den auf 1 normierten Anteil der Aufgaben, die dieses Kriterium aufweisen. Bei den Kriterien, die eine Unterscheidung zwischen drei oder vier Unterpunkten benötigen, wird jeweils ein gleichmäßiger Betrag des Abstandes zwischen den Unterpunkten auf der Skala zwischen 0 und 1 gewählt. Bei diesen Aufgaben repräsentiert der Durchschnittswert über viele Aufgaben somit nicht den Anteil, bei dem dieses Kriterium zutrifft, sondern den Grad, wie sehr das Kriterium bei der Gesamtheit berücksichtigt wurde - mit dem Maximum 1 (= vollständig) und dem Minimum 0 (= gar nicht). Oft ist hier ein Durchschnitt nicht aussagekräftig und es müssen Häufigkeiten ausgezählt werden. Ein Mittelwert wird jedoch als heuristisches Mittel des Vergleichs dennoch herangezogen werden. Statistisch auswertbar ist er nicht.

Die Einstufung selbst vorzunehmen ist teilweise nicht trivial. Bei formalen Kriterien, deren Zuordnung offensichtlich ist, gibt es kaum Unstimmigkeiten und bei der Einstufung in die Kompetenz-Ausprägung-Matrix des Bremen-Oldenburger Kompetenzmodells hilft das Flussdiagramm. Bei allen anderen Kriterien sind die Indikatoren für die Unterpunkte im Anhang nötig (Tab. 5.6, S. 107).

Zur Sicherung der Auswerteobjektivität wurden Quereinstufungen in die Kategorien von mehreren Ratern vorgenommen und miteinander verglichen. Dazu haben drei Experten aus der Physikdidaktik etwa 20 % der Aufgaben (N=15) in zwei repräsentativen Kriterien eingestuft. Eines der Kriterien verlangte eine dichotome Kodierung („Mensch" aus der Kategorie „Aufgabenkultur - Bezug") und eines eine dreistufige Unterscheidung („Gliederung" aus „Textbarriere"). Weil sie diesen beiden Arten von Kriterien, die verwendet wurden, entsprechen und zudem hoch inferent sind, kann davon ausgegangen werden, dass die Quereinstufung dieser Kriterien für die Einschätzung der Auswerteobjektivität ausreicht. Darüber hinaus wurde wie erwähnt insbesondere beim „Bremen-Oldenburger Kompetenzmodell" ein validiertes Einstufungsverfahren verwendet.

Beide ausgewählten Kriterien erreichten hohe Übereinstimmungen bei den Ratern („Mensch": Fleiss' Kappa $\kappa = 1{,}00$; Textbarriere $\kappa = 0{,}78$). Das verwendete Einstufungsverfahren kann somit als ausreichend objektiv angesehen werden.

Abschnitt 4

Eine Strukturuntersuchung ausgewählter Aufgaben

In diesem Kapitel sollen Einordnungen von Aufgaben in das skizzierte Strukturmodell zur Beschreibung von Aufgaben vorgenommen werden. Im ersten Teil ist die Struktur der PISA-Aufgaben der Untersuchungsgegenstand, wobei zunächst die Kriterien der Testersteller an ihre Aufgaben beschrieben und dann die Aufgaben der Testdurchgänge 2000, 2003 sowie 2006 kontrastiv analysiert werden.

Im zweiten Teil des Kapitels werden bestehende PISA-ähnliche Aufgaben vorgestellt, in ihrer Struktur untersucht und mit den Vorlagen verglichen. Darauf folgend soll begründet dargestellt werden, ob diese PISA-ähnlichen Aufgaben tatsächlich den originalen PISA-Aufgaben gleichen und wie sie weiter zu entwickeln sind, um den selbst gesetzten Anspruch zu erfüllen. Zur Illustration der Überlegungen werden zwei Musteraufgaben angefügt.

4.1 Die Aufgaben des PISA-Tests

In der Diskussion um PISA sind die Testaufgaben des öfteren herber Kritik ausgesetzt. Diese Kritik entzündet sich jedoch zumeist an Details (Vgl.: Schmidt 2004), an der Praxis des Testens an sich (Meyerhöfer 2005, S. 15 - 20) oder an testtheoretischen Einzelheiten (Rindermann 2006, S. 72). Eine systematische Auseinandersetzung mit PISA-Aufgaben hat noch nicht stattgefunden. In der Naturwissenschaftsdidaktik ist der Grund dafür wohl, dass aus den Durchgängen 2000 und 2003 zusammen nur wenige Naturwissenschaftsaufgaben veröffentlicht wurden. Mit dem Durchgang

2006 änderte sich dieses Bild jedoch entscheidend, so dass die Möglichkeit nunmehr besteht.

In diesem Teilkapitel werden zunächst die von offizieller Seite formulierten Beschreibungen der PISA-Aufgaben skizziert. Daran anschließend findet eine Einstufung von herausgegebenen Naturwissenschafts-PISA-Aufgaben der Durchgänge 2000, 2003 und 2006 statt, die in einem Vergleich der einzelnen Durchgänge und einer Formulierung der Veränderungen mündet. Zur Darstellung werden einerseits die Aufgaben aus PISA 2006 und andererseits die aus PISA 2000 und 2003 gruppiert. Dies ist sinnvoll, da bei PISA 2006 der Fokus auf Scientific Literacy lag. Deshalb ist zu vermuten, dass in diesem Bereich Veränderungen vorgenommen wurden, die sich auf die Form der Aufgaben auswirken. Darüber hinaus ist die Zahl der veröffentlichten Aufgaben aus den Durchgängen 2000 und 2003 zu gering um eine getrennte Behandlung aussagekräftig zu ermöglichen. Dass diese Gruppierung auch unter Strukturkriterien sinnvoll ist, zeigt sich bei der vergleichenden Analyse des Gesamtergebnisses.

4.1.1 Kriterien des PISA-Konsortiums für Naturwissenschafts-Testaufgaben

PISA[1] ist eine internationale Schulleistungsstudie der OECD, bei der nach standardisierten Verfahren gearbeitet wird. Die 32 Teilnehmerstaaten haben den Test gemeinsam entwickelt und ein internationales Konsortium eingesetzt, das die Durchführung an den Testschulen bei 15-jährigen Schülern überwacht. So werden in jedem Land zwischen 4500 und 10000 Schülerinnen und Schüler auf ihre Vorbereitung auf die Wissensgesellschaft getestet (Vgl.: PISA-Konsortium Deutschland 2004, S. 13). Dazu werden nicht nur Bestandteile der Curricula erhoben, sondern auch fächerübergreifende Verknüpfungen und in der Erwachsenenwelt benötigte Kompetenzen. Die zentralen Bestandteile testen Lesekompetenz (*Reading Literacy*) sowie mathematische (*Mathematical Literacy*) und naturwissenschaftliche (*Scientific Literacy*) Grundbildung. Die Messung erfolgt in Gänze durch „Papier-und-Bleistift-Tests", additiv werden persönliche Hintergrundfragebögen bearbeitet. Bei PISA 2006 wird auch das Interesse an Naturwissenschaft und Technik ermittelt.

---
[1] *Programme for International Student Assessment*

4.1 Die Aufgaben des PISA-Tests

In den Jahren 2000, 2003 und 2006 wurden bislang PISA-Tests durchgeführt, wobei der Schwerpunkt in dieser Reihenfolge zunächst bei Lesekompetenz, danach bei mathematischer und schließlich bei naturwissenschaftlicher Grundbildung lag. Diesem Hauptbereich waren jeweils zwei Drittel der Testzeit zugeteilt. Ergebnis der einzelnen Testdurchläufe soll ein Profil der Schülerinnen und Schüler gegen Ende der Pflichtschulzeit sowie die kontextuelle Beschreibung dieses Profils im Zusammenhang mit persönlichen und schulischen Faktoren sein.

Die Formulierung der bei PISA eingesetzten Aufgaben unterlag keinem allgemeingültigen Vorgabenkatalog - zumindest keinem veröffentlichten. Das Aufgabenmaterial wurde zum Teil an den auf die Kontinente verteilten fünf verschiedenen Instituten des internationalen Konsortiums entwickelt, das den gesamten Test betreute (Vgl.: PISA-Konsortium Deutschland 2004, S. 28). Darüber hinaus wurden aus den einzelnen Teilnehmerstaaten von Expertengremien Vorschläge eingereicht, die vor allem Teil der nationalen Ergänzungsstudien waren. Das gesamte eingereichte Material wurde in Vorerprobungen eingesetzt, validiert und den nationalen Projektmanagern in englischer und französischer Fassung vorgelegt. Zwei unabhängige Übersetzungsteams unternahmen anschließend den Transfer in die Sprache des jeweiligen Teilnehmerlandes. Nach Beurteilung durch die nationalen Projektmanager hinsichtlich curricularer Validität, fachlicher Richtigkeit, Schwierigkeit sowie etwaiger kultureller und geschlechtsspezifischer Benachteiligungen wurde aus den übrig bleibenden Aufgaben eine Auswahl für den Testeinsatz herausgenommen. Dieses Verfahren war bei allen PISA-Durchgängen identisch.

In der Sekundärliteratur zu PISA findet sich keine konsistente und zusammenhängende Beschreibung der im Test verwendeten Aufgaben. Lediglich die grobe Makrostruktur wird skizziert und der Untersuchungsgegenstand klar umrissen, daraus lassen sich die in den Aufgaben behandelten Sachverhalte ableiten. Der Grund für diesen Mangel liegt vermutlich im fehlenden Vorgabenkatalog für die Konstruktion. Die einzelnen Aufgaben für den Testeinsatz herauszufinden ist auch ein politisches Verfahren, das den Interessen der Teilnehmerländern entgegenkommen muss. Dennoch sind einige Punkte zu den Aufgabenbesonderheiten der Literatur um PISA zu entnehmen.

Bei PISA wurden keine für sich allein stehenden Aufgaben eingesetzt, sondern vielmehr sogenannte „Units". Jede Unit beinhaltet bis zu vier Einzelaufgaben (Items) zu einem Kontext (Vgl.: Cresswell und Vaysettes 2006, S. 37). Die Formulierung dieses Kontextes ist den Units jeweils vorangestellt und geschieht in Form von kontinuierlichem beziehungsweise diskontinuierlichem Text sowie eventuellem graphischen Stimulationsmaterial. Der Grund für diese Organisationsform liegt im Anspruch der effizienten Nutzung von Testzeit, da nicht für jede Aufgabe ein neuer Kontext erarbeitet werden muss und so in den Einzelaufgaben tiefergehender gefragt werden kann (Vgl.: Cresswell und Vaysettes 2006, S. 37).

Die Kontexte der Aufgaben zeichnen sich durch eine hohe Alltagsnähe aus, die einzelnen Aufgaben sind damit nicht komplett unabhängig voneinander, sondern Teil einer Aufgabenserie. Die Kontexte selbst sind detailliert beschrieben. Jede Aufgabe lässt sich zu Bezügen entweder zum Individuum, zur Gesellschaft oder zum weltweiten Leben einordnen (Vgl.: Cresswell und Vaysettes 2006, S. 27). Desweiteren haben sie Referenzen zu Leben und Gesundheit, natürlichen Rohstoffquellen, Umwelt, Umweltrisiken und Grenzen von Naturwissenschaft und Technik. Jedes Item kann so einer Zelle der dadurch entstehenden 3×4-Matrix zugeordnet werden.

Innerhalb einer Unit kommen Items fünf verschiedener Aufgabenformate vor, darunter drei offene: Aufgaben mit mehreren richtigen Antworten, Aufgaben mit einer richtigen Antwort und Aufgaben mit Kurzsatzantworten. Dazu kamen zwei geschlossene Formate, nämlich komplexe und herkömmliche Multiple Choice-Aufgaben (Vgl.: OECD 2004, S. 286 - 387). Erstere verlangen eine Auswahl von mehreren richtigen Antworten und entsprechen daher im hier verwendeten Aufgabenstrukturmodell Multiple Select-Aufgaben.

In den Naturwissenschaftsaufgaben soll sogenannte „Scientific Literacy" getestet werden. Darunter wird bei PISA folgendes verstanden:

> „Naturwissenschaftliche Grundbildung ist die Fähigkeit, naturwissenschaftliches Wissen anzuwenden, naturwissenschaftliche Fragen zu erkennen und aus Belegen Schlussfolgerungen zu ziehen, um Entscheidungen zu verstehen und zu treffen, die die natürliche Welt und die durch menschliches Handeln an ihr

4.1 Die Aufgaben des PISA-Tests

vorgenommenen Veränderungen betreffen." (Deutsches PISA-Konsortium 2000, S. 66)
Auf Basis des von Bybee entwickelten Kompetenzmodells zur Scientific Literacy wurde bei PISA zunächst aufgrund der Daten des Durchgangs 2000 post hoc ein fünfstufiges Kompetenzmodell entwickelt (Vgl.: Schecker und Parchmann 2006, S. 49). Für den Durchgang 2003 wurde zur Testkonstruktion für die deutsche nationale Ergänzung entlang dieses Modells gearbeitet (Vgl.: Senkbeil u. a. 2005, S. 170). Anhand von neun Basiskonzepten und sieben Prozessen wurden Aufgaben konstruiert, die Felder dieser 9×7-Matrix abdeckten und sowohl graphisches als auch sprachliches Stimulationsmaterial verwendeten. Dennoch erreichte man im Ergebnis nicht, dass die Testitems eine umfassende Messung der Inhaltsbereiche leisteten (Vgl.: Schecker und Parchmann 2006, S. 50) - deren Umfang war zu groß. Bei PISA 2006 wurden die Kompetenzstufen für die Konstruktion der Aufgaben mit mehr Bedeutung versehen, genaue Ergebnisse sind jedoch noch nicht veröffentlicht (Vgl.: Cresswell und Vaysettes 2006, S. 29). Weiterhin wird lediglich angegeben, dass die Aufgaben drei grobe Bereiche naturwissenschaftlicher Kompetenz umfassen sollen: „identifying scientific issues", „explaining phenomena scientifically" und „using scientific evidence" (Cresswell und Vaysettes 2006, S. 29).

Aus den veröffentlichten Fakten lässt sich eine erste Einstufung von vom internationalen PISA-Konsortium publizierten Charakteristika der Gesamtheit der PISA-Aufgaben vornehmen. Dazu wird das in dieser Arbeit in Kapitel 3, S. 27, skizzierte Strukturmodell zur Beschreibung von Aufgaben verwendet, es musste jedoch aus praktischen Gründen eine Reduktion der Kategorien vorgenommen werden. Insbesondere wurde der Begriff „Aufgabenkultur" auf die verwendeten Aufgabentypen beschränkt, da der Einsatz im Unterricht für die Einstufung von Testaufgaben irrelevant ist. Des Weiteren kann auf alle Kategorien verzichtet werden, die direkt auf Unterricht und praktischen Einsatz Bezug nehmen. Neben der genannten Aufteilung der Testaufgaben in eine Hälfte mit offenem und eine Hälfte mit geschlossenem Format resultieren also die in Abbildung 4.1, S. 52, dargestellten Kategorien und Kriterien. Die gesamte Breite der Darstellung wird jedoch erst sinnvoll, wenn Durchschnittswerte über eine größere Anzahl von Aufgaben gebildet werden.

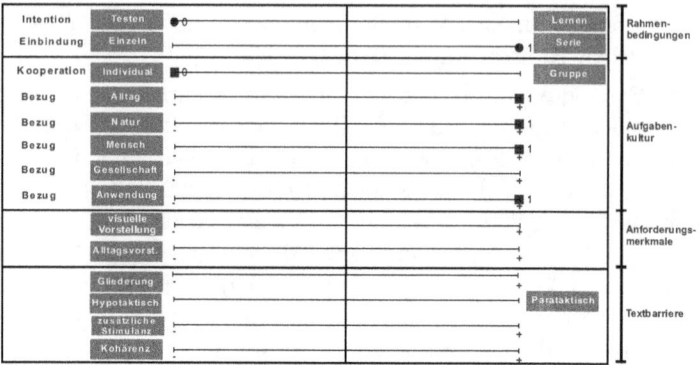

Abb. 4.1: Darstellung der PISA-Vorgaben an die Testaufgaben im Strukturmodell

4.1.2 Untersuchung der Struktur veröffentlichter PISA-Aufgaben aus dem Durchgang 2006

Um das Verfahren der Einstufung der Aufgaben zu verdeutlichen, ist die beispielhafte Einstufung einer Unit aus dem Jahrgang 2006 vorangestellt, danach werden die Ergebnisse der Gesamtheit der Aufgaben dargestellt.

Einstufung einer Musteraufgabe

Zur demonstrativen Einschätzung einer Aufgabe aus dem PISA-Durchlauf 2006 wurde Aufgabe 1 aus Unit 6 ausgewählt. Diese Aufgabe ist - wie sich im Vergleich mit den Gesamtergebnissen zeigen wird - repräsentativ für die bei PISA 2006 getesteten Kompetenzen und Aufgabencharakteristika. Das Verfahren der Einstufung ist in Kapitel 3.3, S. 44, dargestellt. Der Unit vorangestellt ist eine kontextuelle Beschreibung der Items in Form eines kontinuierlichen Textes:

> **Tobacco Smoking**
> (Entnommen aus Cresswell und Vaysettes (2006), S. 142)
> Tobacco is smoked in cigarettes, cigars and pipes. Research shows that tobacco-related diseases kill nearly 13 500 people worldwide every day.

It is predicted that, by 2020, tobacco-related diseases will cause 12% of all deaths globally.
Tobacco smoke contains many harmful substances. The most damaging substances are tar, nicotine and carbon monoxide.

Zur Einstufung wird das resultierende Datenblatt des Strukturmodells verwendet, wie es im Anhang abgebildet ist (Abb. 5.3, S. 106). Einige Kategorien können allein auf Basis des Kontextes eingestuft werden. Eine davon ist *Bezug* aus der Kategorie *Aufgabenkultur*. Wiederzufinden sind hier Bezüge zur Alltagswelt, da das Rauchen von Zigaretten ebenso wie die Diskussion über gesundheitliche Folgen in der Öffentlichkeit präsent ist. Ebenso ist ein direkter Bezug zum Menschen zu konstatieren, da die Wirkung des Tabakrauches auf den Menschen das grundlegende Thema des Textes ist. In diesen beiden Unterpunkten wird also eine Einstufung von „1" vorgenommen, bei den Unterpunkten *Natur*, *Gesellschaft* und *Anwendung* eine „0". Auswirkungen auf die Natur werden ebensowenig genannt wie eine Möglichkeit der Anwendung der Erkenntnisse. Fraglich wäre lediglich, ob ein Bezug zur Gesellschaft zu unterstellen ist, da die Sterblichkeitsrate angeführt wird. Mit diesem Unterpunkt ist jedoch die Auswirkung naturwissenschaftlicher Erkenntnis auf die Gesellschaft gemeint, die in diesem Kontext nicht behandelt wird. Ansonsten wäre dieser Unterpunkt lediglich ein Spezialfall des Unterpunktes *Mensch*.

In der Kategorie „Textbarriere" kann die nächste Einstufung vorgenommen werden. Die textuelle Formulierung des Kontextes erfolgt in thematisch sinnvoll gegliederter Weise; der erste Absatz nennt in allgemeiner Form Arten des Tabakkonsums und dessen Auswirkungen auf den Menschen, während der zweite spezieller ist und die schädlichen Bestandteile des Tabaks nennt. Der Unterpunkt *Gliederung* ist also mit einer „1" zu bewerten. Der Satzbau ist weder als auffallend parataktisch noch als auffallend hypotaktisch zu bezeichnen, aus diesem Grunde wird dieser Unterpunkt hier mit „0,5" bewertet. Eine zusätzliche Stimulanz ist beim Aufgabentext nicht vorhanden, sodass eine Einstufung dieses Unterpunktes mit „0" erfolgen muss. Die Kohärenz des Textes ist jedoch auffallend hoch, eine hohe Thema-Rhema-Ordnung der Sätze scheint Leitmotiv gewesen zu sein. Gerade der Zusammenhang von Satz 2 und Satz 3 zeigt dies exemplarisch, da hier das Thema wortwörtlich wieder aufgegriffen wird („tobacco-related diseases"). Hier muss also eine Einstufung mit „1" erfolgen.

Weitere Einstufungen sind allein auf Basis des Kontextmaterials nicht möglich, aus diesem Grunde muss auf die eigentliche Aufgabe Bezug genommen werden.

> **Question 6.1** (Entnommen aus Cresswell und Vaysettes (2006), S. 142)
>
> Tobacco smoke is inhaled into the lungs. Tar from the smoke is deposited in the lungs and this prevents the lungs from working properly.
>
> Which one of the following is a function of the lungs?
>
> A. To pump oxygenated blood to all parts of your body
>
> B. To transfer some of the oxygen that you breathe to your blood
>
> C. To purify your blood by reducing the carbon dioxide content to zero
>
> D. To convert carbon dioxide molecules into oxygen molecules

Systematisch abgearbeitet können die Kriterien *Intention* und *Einbindung* hier eindeutig eingestuft werden. Ersteres ist bei PISA „Testen", was auf der Skala einer „0" entspricht und letzeres eine „Serie", was die Einstufung auf der Skala als „1" verlangt. Über die Fachgrenze soll keine Aussage getroffen werden, da der PISA-Test nicht zentral mit diesen Unterscheidungen arbeitet; sie sind vielmehr unterrichtspraktische Beschränkungen.

Das *Aufgabenformat* ist eindeutig *geschlossen*, spezieller handelt es sich hier um eine *Multiple Choice*-Aufgabe. Eine Aussage über die vernetzende Einbindung des *alten Stoffs* ist nicht möglich, da diese Einstufung die thematische Eingliederung einer Aufgabe in einen Unterrichtsgang voraussetzt. Die *Kooperation* ist eindeutig, denn bei PISA wurde Einzelarbeit verlangt. Eine Einstufung muss also bei *Individual* erfolgen. Eine Einstufung bei *Phase* kann wiederum

4.1 Die Aufgaben des PISA-Tests

wegen der mangelnden Unterrichtseinbindung nicht erfolgen und das Kriterium *überdeterminiert* ist nur für quantitative Aufgaben relevant. In der Kategorie *Lösungswege* muss das Kriterium *gegeben?* eindeutig als *weder noch* beurteilt werden, da der Lösungsweg nicht gegeben ist beziehungsweise sogar nachvollzogen werden soll. Die *Arbeitsweise* einzustufen ist hier nicht eindeutig möglich, da die Aufgabe nicht problemlösend angelegt ist - aus diesem Grunde wird eine Einstufung hier unterlassen. Die in dieser Kategorie getroffenen Einstufungen sind jedoch bei allen PISA-Aufgaben identisch, sodass allein dadurch kein geeignetes Charakteristikum vorhanden ist, um die unterschiedlichen PISA-Aufgaben voneinander abzugrenzen.

Die Kategorie *Inhaltsrepräsentation* ist bei dieser Aufgabe eindeutig durch das Kriterium *kontinuierlich* zu bewerten, da es sich um einen Fließtext handelt, dem Information und Aufgabenanweisung entnommen werden muss. Zwar muss die wesentliche Information memoriert werden, dennoch ist durch den Text eine Brücke zwischen Kontextbeschreibung und Aufgabe selbst geschlagen, sodass eine Einstufung hier gerechtfertigt werden kann. Es handelt sich eindeutig um einen *alltäglichen* Text; die Informationen, die in ihm gegeben werden, reichen jedoch nicht aus, um die Aufgaben zu lösen, sodass die Stufe *ergänzen* angewählt werden muss.

Aus der Kategorie *Bremen-Oldenburger Kompetenzmodell* soll hier die Betrachtung des Kriteriums *Prozess/Ausprägung* im Vordergrund stehen. Hier wird zur Einstufung das Flussdiagramm (siehe Kapitel 5.4, S. 105) verwendet. Der Strangindikator ist schnell gefunden: Die wesentliche Anforderung der Aufgabe liegt darin, sich an einen naturwissenschaftlichen Fakt zu erinnern. Dem ist Strangindikator S2 aus dem Prozess „Fachwissen" zugeordnet. Dieser Strang führt nur zu Zellindikator Z6, sodass eine Einstufung der Aufgabe in die Ausprägungsstufe „nominell-reproduktiv" erfolgt, die auch dem Sinn entspricht. Der *Inhaltsbereich* ist im Begleittext der Aufgabe bereits treffend als die Komponente „Knowledge of Science" bezeichnet (Vgl.: Cresswell und Vaysettes 2006, S. 142). In diesem Teil der Arbeit werden die Inhaltsbereich konsequent durch die Unterscheidung von „Knowledge of Science" und „Knowledge about Science" erhoben, dies ist eine grobe Unterteilung, aber dennoch in der Lage eine große Anzahl von Aufgaben zu unterscheiden. Im eigentlichen Sinne werden dadurch zwar keine Inhaltsbereiche differenziert, aber in der Folge wird sich zeigen,

dass diese Unterscheidung Sinn macht, weil sie Aussagen über das Bremen-Oldenburger Kompetenzmodell zulässt.
Die zusätzlichen Aufgaben dieser Serie befinden sich im Anhang in Kapitel 5.7.1, S. 112. Ein Überblick über die bei dieser Aufgabe wesentlichen Einstufungen ist in Abbildung 4.2, S. 56, gegeben.

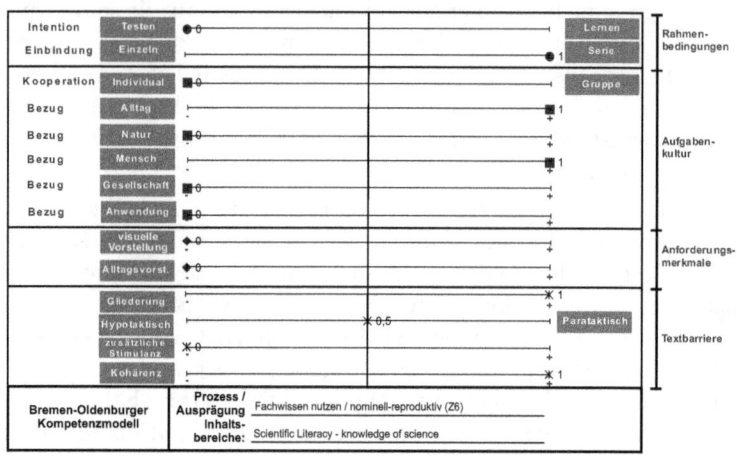

Abb. 4.2: Darstellung der Strukturmerkmale von Aufgaben 1 der PISA-2006-Unit „Tobacco Smoking"

Ergebnisse der Einstufung der Gesamtheit der Aufgaben

Dieses Verfahren ist auf die 56 zur Verfügung stehenden Aufgaben aus Cresswell und Vaysettes (2006) angewendet worden. Im Anschluss daran wurden für die Kategorien, bei denen es möglich und sinnvoll war, Mittelwerte gebildet. Dies betrifft unter anderem alle, die nur eine rein formale Einschätzung von „vorhanden" oder „nicht vorhanden" verlangten, wobei ersteres als „1" und letzteres als „0" eingestuft ist. Bei den Kategorien, die nicht in dieser einfachen Form bewertet werden konnten, müssen teilweise Häufigkeiten angegeben werden. Dies betraf die Kriterien des *Bremen-Oldenburger Kompetenzmodells*, die der *Aufgabenformate* und die der *Inhaltsrepräsentation*. Wird diese systematische Einstufung richtig interpretiert, so entsteht eine Abbild der Charakteristika, die die PISA-Aufgaben des Durchlaufs 2006 ausmachen.

4.1 Die Aufgaben des PISA-Tests

In Abbildung 4.3, S. 58, sind die Durchschnittswerte der Kategorien dargestellt, die die Mittelwertbildung zulassen. Eindeutig ist, dass die Durchschnittswerte bei den Rahmenbedingungen exakt den Werten bei der Einstufung der Musteraufgabe entsprechen - alle Aufgaben haben schlichtweg dieselbe *Intention*, nämlich *Testen* und dieselbe *Einbindung* als *Serie*. Ebenfalls für alle Aufgaben eindeutig ist, dass eine Bearbeitung in Einzelarbeit vorgesehen ist, sodass der Durchschnittswert auch hier bei „0" liegt.

Die ersten Aussagen von Belang gelingen bei der Auswertung des Bezugs hinsichtlich der interessefördernden Kontexte. Die drei häufigsten Bezüge sind *Alltag* (0,56 im Durchschnitt), *Natur* (0,65) und *Mensch* (0,58). Gerade die letzten beiden Bezüge weisen darauf hin, dass für die Aufgaben bei PISA 2006 tatsächlich gendersensible Kontexte gewählt wurden. Desweiteren sind alle Items mit zumindest einem interessefördernden Kontext versehen, bei den meisten sind sogar mehrere Bezüge zu konstatieren gewesen. Eine Auswirkung naturwissenschaftlicher oder technischer Erkenntnis auf die *Gesellschaft* war aber nur sehr selten Kontextbezug, auch sind die Aufgaben nicht auffallend anwendungsbezogen.

Auffallend ist, dass zumindest ein geringer Teil der Aufgaben gängige Alltagsvorstellungen berücksichtigt (0,05). Es wäre dennoch im Sinne der Intention des PISA-Testes, gerade Alltagsvorstellungen mehr zu berücksichtigen. Schließlich ist dies eine der wesentlichen Schnittstellen von naturwissenschaftlichen Konzepten zur Alltagswelt und durchaus von Belang für die „Erwachsenenwelt", auf deren Vorbereitung PISA die Probanden schließlich auch testet.

Die Auswertung der Daten zur *Textbarriere* der Aufgaben zeigt bemerkenswerte Ergebnisse. Fast alle vier Kriterien zeigen hohe Annäherung an die Idealwerte. *Gliederung* mit 0,95 und *Kohärenz* mit 0,94 sind ebenso fast optimal wie der *Satzbau* (0,53), dessen optimale Ausprägung schließlich bei 0,5, also bei einer gesunden Ausgewogenheit von parataktischen und hypotaktischen Konstruktionen, liegt. Lediglich die *zusätzliche Stimulanz* ist mit 0,60 noch mit entscheidendem Raum für Zuwachs versehen. Die *Kohärenz* der Texte ist oftmals sowohl durch Einhaltung der Thema-Rhema-Abfolge als auch durch wörtliches Wiederholen der Thema-Substantive gewährleistet.

Die Auswertung der Einstufungen in das *Bremen-Oldenburger*

4.1 Die Aufgaben des PISA-Tests

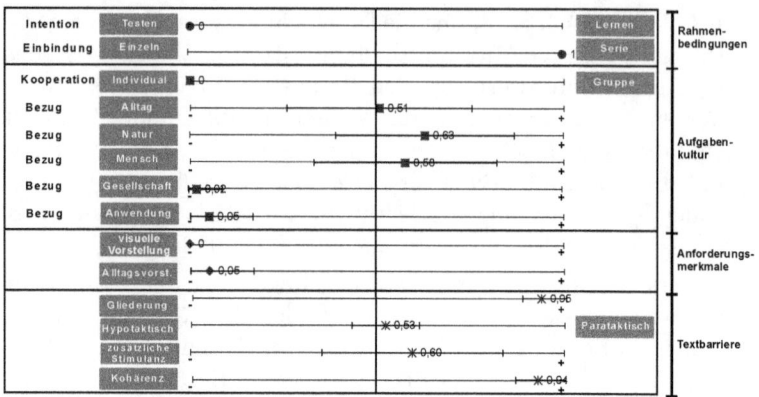

Abb. 4.3: Darstellung der Strukturmerkmale der Aufgaben von PISA 2006. Die Fehlerbalken entsprechen einer halben Standardabweichung in beide Richtungen.

Kompetenzmodell weist einen hohen Akzent der Aufgaben auf den Prozess „Fachwissen nutzen" nach (siehe Tab. 4.3,S. 59). Das Gros - 59 % - liegt in diesem Bereich, während der zweithäufigste Prozess, „Erkenntnisse gewinnen", nur noch 23 % der Aufgaben auf sich vereinigen kann. Dem Prozess „Kommunizieren" konnte lediglich ein Item zugeordnet werden. Auffällig ist ebenfalls, dass viele der Aufgaben in der Ausprägung „nominell-reproduktiv" eingeordnet sind (55 %).

Ein Vergleich der Dimension „Inhaltsbereiche" - hier stellvertretend durch „Knowledge about Science" und „Knowledge of Science" - mit der Dimension „Prozess" zeigt eine hohe Übereinstimmung. Wird unterschieden zwischen diesen beiden Komponenten, so zeigt sich, dass der Prozess „Fachwissen nutzen" durch diese Differenzierung mit hoher Übereinstimmung erkannt werden kann. In Tab. 4.4, S. 60, ist zu sehen, für wieviele Aufgaben die Kriterien, die in Spalte und Zeile genannt sind, jeweils beide zutreffen. Es zeigt sich, dass 93 % aller Aufgaben, die das Merkmal „Knowledge of Science" tragen, auch dem Prozess „Fachwissen nutzen" zugeordnet sind. Für den Bereich „Knowledge about Science" gilt ähnliches mit umgekehrtem Vorzeichen: Hier werden in 81 % aller Fälle Aufgaben, die dieses Merkmal tragen, nicht „Fachwissen nutzen"

4.1 Die Aufgaben des PISA-Tests

		Prozess			
		Fachwissen nutzen	Erkenntnisse gewinnen	Kommunizieren	Bewerten
Ausprägung	lebensweltlich	8 (14 %)	-	-	-
	nominell / reproduktiv	21 (38 %)	1 (2 %)	1 (2 %)	7 (13 %)
	aktiv anwenden	3 (5 %)	11 (20 %)	-	-
	konzept. vertieft	2 (4 %)	-	-	1 (2%)
	Summe:	33 (59 %)	13 (23 %)	1 (2 %)	9 (16 %)

Tab. 4.3: Einordnung der Aufgaben aus Cresswell und Vaysettes (2006) in die Kompetenzmatrix des Bremen-Oldenburger Kompetenzmodells.

zugeordnet. Mit diesen bei PISA 2006 getroffenen Unterscheidungen lässt sich also bereits eine relativ trennscharfe Aussage darüber treffen, ob die jeweilige Aufgabe dem Prozess „Fachwissen nutzen" zugeordnet werden muss oder nicht. Dies ist den Ansprüchen der Testersteller jedoch auch angemessen, denn sie beschreiben den Unterschied zwischen den beiden Komponenten gerade so, dass „Knowledge of Science" das Wissen innerhalb von Technologie und Naturwissenschaft meint, während „Knowledge about Science" Wissen über generelle naturwissenschaftliche Konzepte umfasst. Der Wortsinn ist also hier den Definitionen durchaus entsprechend (Vgl.: Cresswell und Vaysettes 2006, S. 22). Außerdem wird so klar, dass die Unterscheidung dieser beiden Bereiche eigentlich eine Einstufung im Sinne der Dimension „Prozess" und nicht der Dimension „Inhaltsbereiche" ist, wie aus Cresswell und Vaysettes (2006) geschlossen werden könnte, da sie damit Wissensbereiche beschreiben und nicht deren Anwendung.

In Tab. 4.5, S. 60, ist zu sehen, dass der Anteil an geschlossenen Aufgabenformaten bei PISA 2006 den an offenen Aufgabenformaten stark überwiegt. Insgesamt sind 71 % aller Aufgaben aus

	Knowledge of Science	Knowledge about Science
= Fachwissen nutzen	27 (93 %)	3 (19 %)
≠ Fachwissen nutzen	2 (7 %)	13 (81 %)

Tab. 4.4: Darstellung der Übereinstimmung der PISA-Kategorie „Knowledge of Science" bzw. „Knowledge about Science" mit dem Prozess „Fachwissen nutzen" des Bremen-Oldenburger Kompetenzmodells. Die Anteile sind auf die Spalten bezogen.

PISA 2006 geschlossenen Formats gewesen, gerade der Anteil von Multiple Choice-Aufgaben ist mit 41 % sehr hoch. Lediglich 10 % der Aufgaben erforderten zur Lösung einen Lang- oder Aufsatz, sodass die These haltbar ist, dass der Anteil der Aufgabenformate an der Gesamtheit der Aufgaben von der Bearbeitungsdauer abhängt. Die Formate mit hoher Bearbeitungsdauer sind demnach in der Minderheit. Möglicherweise sollte so der Nichtbearbeitung von Aufgaben durch die Probanden entgegen gewirkt werden.

Aufgabentyp	Anzahl	Anteil
Multiple Choice	23	41%
Multiple Select	17	29%
Kurzsatz	11	20%
Lang-/Aufsatz	5	10%
$\sum$ geschl.:	40	71%
$\sum$ offen:	16	29%

Tab. 4.5: Unterscheidung der Aufgaben aus Cresswell und Vaysettes (2006) nach ihrem Typ

Tab. 4.6, S. 61, zeigt die Arten und Anteile von Aufgaben bei PISA 2006, die Informationen entweder aus dem Text heraus mit zu memorierenden Inhalten verknüpfen („… ergänzen") oder eine Verknüpfung von im Text gegebenen Informationen („…ablesen") verlangen. Zu letzterer Kategorie zählen auch reine Textverständnisaufgaben. Dazu ist noch eine Unterteilung zwischen fachlichen und alltäglichen Texten sowie diskontinuierlichen bzw.

kontinuierlichen Texten getroffen worden, für die obiges zutrifft. Es zeigt sich, dass für nur 30 % der Aufgaben „ablesen" als Einstufung getroffen werden konnte. Bei Aufgaben, die Informationen aus dem Text elementar aufgreifen, ist also die Anforderung der Verknüpfung mit memorierter Information vorherrschend. Anzumerken ist hier, dass auch eine doppelte Einstufung getroffen werden konnte, wenn sowohl aus diskontinuierlichen als auch aus kontinuierlichen Texten Informationen entnommen werden. Wenn die Aufgabe keine wesentliche Information benötigt, die aus dem Text entnommen werden muss, wurde gar keine Einstufung vorgenommen. Selbstverständlich benötigt jede Form von Aufgabe, die in einem Papier-und-Bleistift-Test auftritt, irgendeine Form von Inhaltsrepräsentation in textueller Form. Ähnlich wie bei der Einstufung im Bremen-Oldenburger Kompetenzmodell wurde jedoch der Akzent der Aufgabe als Anhaltspunkt genommen. Wenn die Aufgabe also ihren Akzent nicht darauf legt, dass textuelle Information benötigt wird, kann keine Einstufung erfolgen. Dies führt dazu, dass die Summe der Anteile nicht zwingend 100 % sein muss.

	Fachlich / ergänzen	Alltäglich / ergänzen	Fachlich / ablesen	Alltäglich / ablesen
kontinuierlich	1 (2 %)	18 (31 %)	-	6 (11 %)
diskontinuierlich	1 (2 %)	7 (13 %)	8 (14 %)	3 (5 %)

$\sum = 27$ (48 %) $\sum = 17$ (30 %)

Tab. 4.6: Unterscheidung der Aufgaben aus Cresswell und Vaysettes (2006) nach den einzelnen Bereichen der Inhaltsrepräsentation

4.1.3 Kontrastive Zusammenführung: Vergleich der Struktur der Testaufgaben aus den Jahrgängen 2000, 2003 und 2006

Zwar ist die Gesamtanzahl an Aufgaben, die aus den Durchgängen 2000 und 2003 veröffentlicht wurden, weit geringer als die aus dem

Durchgang 2006. Dennoch ist eine Auswertung nach den oben genannten Kategorien möglich, die Wahrscheinlichkeit ist lediglich größer, dass die veröffentlichten Aufgaben nicht repräsentativ für die eingesetzten Aufgaben sind. Wegen der geringen Anzahl und der strukturellen Ähnlichkeit wurden die Aufgaben der Durchgänge 2000 und 2003 zum Vergleich mit 2006 zusammengefasst.

Die Darstellung der Strukturmerkmale der PISA-Aufgaben 2000 und 2003 ist in Abb. 4.4, S. 63, zu finden, die Ergebnisse der Einstufung in das Bremen-Oldenburger Kompetenzmodell in Tab. 4.8, S. 66 und die Aufschlüsselung der Aufgaben nach offenen bzw. geschlossenen Aufgabenformaten in Tab. 4.9, S. 66.

Im Vergleich dieser Ergebnisse mit den Ergebnissen der Aufgabenstruktur des Testdurchlaufs 2006 lassen sich einige interessante Ergebnisse festhalten. Die *Rahmenbedingungen* zunächst einmal sind konstant geblieben. Sowohl 2006 (siehe Abb. 4.3, S. 58) als auch 2000/2003 (siehe Abb. 4.4, S. 63) ist die Intention der Aufgaben noch eine Verwendung als Testaufgabe und sie sind in einen kontextuellen Zusammenhang, also eine Serie, eingebunden. Auch bei der *Aufgabenkultur* ist festzuhalten, dass nach wie vor eine Einzelarbeit bei der Lösung der Aufgaben vorgesehen ist. Bei der Analyse des *Bezugs* jedoch lassen sich Veränderungen feststellen. Gleich geblieben ist zwar die Reihenfolge der Häufigkeit der einzelnen Bezüge, sowohl bei PISA 2000/2003 als auch bei PISA 2006 ist der häufigste kontextuelle Bezug *Natur*, vor *Alltag* und *Mensch*. Bei diesen dreien sind allerdings die Verhältnisse verändert. 2000/2003 ist ein Naturbezug mit dem Wert 0,75 auf der Skala der bei weitem dominierende, dieser Wert hat 2006 mit 0,63 deutlich abgenommen, außerdem ist die Bedeutung von *Alltag* (0,51) und *Mensch* (0,58) als Bezug stark gestiegen und liegt auf der Skala fast gleich auf. 2000/2003 sind beide mit 0,25 noch weit weniger von Bedeutung, der Wert hat sich also beim Durchgang 2006 fast verdoppelt. Der Bezug *Gesellschaft* hingegen ist 2000/2003 noch von gesteigerter Bedeutung (0,19), während er 2006 fast keine Rolle mehr spielte. Es kann also konstatiert werden, dass die Prioritäten bei den verschiedenen Kontexten sich verändert haben und weit mehr in Richtung einer Einbindung in die *Natur* gehen. Daraus folgt auch, dass die PISA-Aufgaben 2006 in ihrer kontextuellen Einbindung breiter gestreut sind als die von 2000 bzw. 2003.

Der Vergleich der *Anforderungsmerkmale* ist nicht sehr ergiebig.

4.1 Die Aufgaben des PISA-Tests

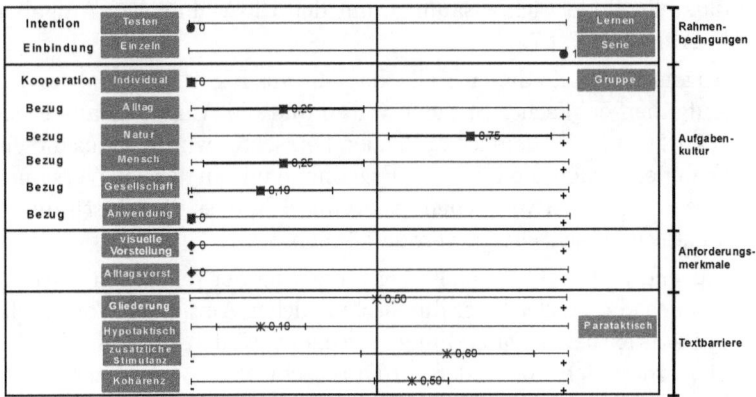

Abb. 4.4: Darstellung der Strukturmerkmale der Aufgaben von PISA 2000 und PISA 2003. Die Fehlerbalken entsprechen einer halben Standardabweichung in beide Richtungen.

Bemerkenswert ist lediglich, dass 2006 Alltagsvorstellungen eine geringe Rolle spielten, während sie 2000/2003 nicht berücksichtigt wurden. Weit tragender und komplexer ist der Vergleich der *Textbarriere*, die in den Aufgaben der verschiedenen Jahrgänge erstellt wurde. Insgesamt ist festzustellen, dass die Aufgaben 2006 hier beinah durchweg bessere Werte erreichen - eine Ausnahme liefert nur die Einbindung von zusätzlicher Stimulanz. Hier wurde 2000/2003 mit 0,69 ein höherer Wert erreicht (2006: 0,60). Innerhalb der textuellen Formulierung waren die Aufgaben 2006 jedoch offensichtlich optimiert, sowohl die *Gliederung* als auch der *Satzbau* und die *Kohärenz* ist im Durchschnitt deutlich besser als 2000/2003. Es scheint beinah so, als ob das Modell der Textverarbeitung von Kintch und van Dijk bei der Konzeption der Aufgaben eine bedeutende Rolle spielte oder die Aufgaben nachträglich dahingehend optimiert wurden; gerade die hohe Kohärenz eines Textes ist schließlich ein zentraler Gedanke dieses Modells. Auf jeden Fall ist es von theoretischer Warte aus gesehen 2006 so, dass die Probanden die textuelle Hürde leichter überwinden können und somit nicht bereits beim Textverständnis scheitern. Es kann vermutet werden, dass der Naturwissenschaftsteil von PISA 2006 dadurch valider ist als der von 2000 bzw. 2003. Eine Abbildung, die einen Vergleich der beiden hier angeführten Strukturmerkmale vereint darstellt, findet sich zusammen mit den PISA-ähnlichen Aufgaben in Abb. 4.8, S. 87.

Angemerkt sei an dieser Stelle, dass die aus PISA 2006 analysierten Aufgaben englischer Sprache waren und die Aufgaben aus PISA 2000/2003 in der deutschen Version betrachtet wurden. Aus diesem Grunde wurden die erzielten Ergebnisse mit englischen Versionen dieser Aufgaben verglichen; es ergibt sich, dass die Einstufungen identisch gerechtfertigt werden können.

Passend zu der These einer Verminderung der textuellen Barriere ist auch der Vergleich der durchschnittlichen Anzahl an Worten, die pro kontextueller Darstellung verwendet werden (Tab. 4.7, S. 64). Dort zeigt sich, dass 2006 im Durchschnitt 55 % weniger Worte benutzt werden, der Umfang des Kontextes also etwa halbiert worden ist. Wird hinzugezogen, dass auch weniger zusätzliches Stimulanzmaterial Teil des Tests ist, dann lässt sich schließen, dass die Bedeutung des Kontextmaterials insgesamt zurückgegangen ist. Darüber hinaus wird auch weniger Raum benötigt, um den Kontext zu umreißen. Die Interpretation dessen ist nicht eindeutig möglich, zumal aus vorherigen Testdurchläufen geschlossen wurde, dass die Länge des Kontextes die Aufgabenschwierigkeit nicht nennenswert erhöht (Vgl.: Prenzel u. a. 2002, S. 132). Möglich ist allerdings, dass die Erstellung der Aufgaben mechanischer wurde und weniger Aufwand für die kreative Arbeit der Kontexterstellung investiert werden konnte, da der Einfluss seines Umfangs sowieso nicht signifikant war.

Durchlauf	Mittelw. Worte / Kontext	
2000	268	
2003	157	
2000 + 2003	212	$\hat{=}$ 100 %
2006	96	$\hat{=}$ 45 %

Tab. 4.7: Vergleich der PISA-Durchgänge 2000 und 2003 einerseits und 2006 andererseits nach der durchschnittlichen Anzahl der Worte pro Kontext

Auch der Vergleich im Bremen-Oldenburger Kompetenzmodell zeigt eine leichte Akzentverschiebung der Aufgaben. Es ist zu erkennen, dass von 2000/2003 (siehe Tab. 4.8, S. 66) bis 2006 (siehe Abb. 4.3, S. 66) die Bedeutung des Prozesses „Fachwissen nutzen" erhöht wurde, da der Anteil der Aufgaben mit Hauptschwierigkeit in diesem Bereich von 44 % auf 59 % steigt. Dabei sinkt im Gegenzug vor allem der Anteil des Prozesses „Kommunizieren", der nicht mehr in 13 % sondern nur noch in 2 % aller Aufgaben eine Hauptrolle spielt. Somit ist der Prozess „Erkenntnisse gewinnen" neben „Fachwissen nutzen" der Nutznießer und steigt in seinem Anteil von 19 % auf 23 %. Der Prozess „Bewerten" fällt ebenfalls deutlich von 19 % auf 15 % Anteil. PISA 2006 ist also stärker auf Fachwissen beschränkt und in seiner Bandbreite der abgefragten Kompetenzen nicht so vielseitig wie seine Vorgänger. Mit Einschränkungen kann an dieser Stelle behauptet werden, dass PISA 2006 ein wenig „klassischer" in seinen Aufgaben geworden ist. Dies zeigt auch die Betrachtung der verwendeten Aufgabenformate, denn 2006 wurden weit mehr geschlossene Aufgaben verwendet (71 %, siehe Tab. 4.5, S. 60) als 2000/2003 (50 %, siehe Tab. 4.9, S. 60). Dabei sinkt vor allem der Anteil der Langsatz oder Aufsatzaufgaben von 19 % auf 10 %. Die verwendeten Aufgabenformate wurden also einseitiger. Es kann demnach festgehalten werden, dass PISA 2006 einen höheren Akzent auf leicht zu korrigierende Aufgabenformate legt, sei es aus Gründen der dadurch steigenden Auswerteobjektivität oder aus Gründen der Zeitersparnis beim Korrigieren.

Im Vergleich der *Inhaltsrepräsentation* von Aufgaben aus PISA 2006 (siehe Tab. 4.6, S. 61) und PISA 2000/2003 (siehe Tab. 4.10, S. 61) zeigt sich, dass ein Prämissenwechsel stattgefunden hat. Bei den ersten beiden PISA-Durchläufen waren noch mehr Aufgaben den beiden Stufen von „ablesen" zuzuordnen (38 %) als denen von „ergänzen" (31 %). Dies kehrt sich bei PISA 2006 ins Gegenteil um. Bemerkenswert ist, dass Prenzel u. a. (2002) bereits festgestellt haben, dass für PISA 2000 die nationalen Ergänzungsaufgaben einen anderen Charakter haben als die internationalen Haupttestaufgaben - sie benötigen nämlich weniger textuelle Information (Vgl.: Prenzel u. a. 2002, S. 128). PISA 2006 tendiert in dieser Beziehung also - bewusst oder unbewusst - in eine Richtung, die die nationalen Ergänzungsaufgaben Deutschlands gewiesen haben.

		Prozess			
		Fach-wissen nutzen	Erkennt-nisse gewin-nen	Kommuni-zieren	Bewerten
Ausprägung	lebens-weltlich	1 (6 %)	-	-	-
	nominell / repro-duktiv	5 (31 %)	-	2 (13 %)	2 (13 %)
	aktiv an-wenden	1 (6 %)	3 (19 %)	-	-
	konzept. vertieft	-	-	-	1 (6 %)
	Summe:	7 (44 %)	3 (19 %)	2 (13 %)	2 (19 %)

Tab. 4.8: Einordnung der Aufgaben aus PISA-Konsortium Deutschland (2000) und PISA-Konsortium Deutschland (2003) in die Kompetenzmatrix des Bremen-Oldenburger Kompetenzmodells. Eine Aufgabe (6 %) konnte nicht eingeordnet werden, da die geforderte Kompetenz dabei Textverständnis war.

Aufgabentyp	Anzahl	Anteil
Multiple Choice	6	38%
Multiple Select	2	13%
Kurzsatz	5	31%
Lang-/Aufsatz	3	19%
$\sum$ **geschl.:**	8	50%
$\sum$ **offen:**	8	50%

Tab. 4.9: Unterscheidung der Aufgaben von PISA 2000 und PISA 2003 nach ihrem Typ

Außerdem schätzen Prenzel (2004) den Anteil der Aufgaben mit lösungsrelevanter Information aus dem Text mit ca. 65 % in einer ähnlichen Größenordnung der Ergebnisse hier ein (69 %) (Vgl.: Prenzel u. a. 2002, S. 128).

	Fachlich / ergänzen	Alltäglich / ergänzen	Fachlich / ablesen	Alltäglich / ablesen
kontinuierlich	-	4 (25 %)	-	4 (25 %)
diskontinuierlich	1 (6 %)	-	2 (13 %)	-

$\sum = 5\ (31\ \%)$ $\sum = 6\ (38\ \%)$

Tab. 4.10: Unterscheidung der Aufgaben aus PISA 2000 und PISA 2003 nach den einzelnen Bereichen der Inhaltsrepräsentation

Werden alle diese Ergebnisse zusammen genommen, so lässt sich festhalten, dass die Naturwissenschaftsaufgaben bei PISA von 2000/2003 bis 2006 entscheidende Veränderungen erlebt haben. Sie wurden insgesamt in ihrer kontextuellen Formulierung ebenso wie in ihren Aufgabenformaten zeitersparender und eindeutiger angelegt und ihr Akzent lag mehr auf dem Prozess „Fachwissen nutzen". Darüber hinaus war es nicht mehr länger so, dass bei Bezugnahme auf Informationen aus dem Text diese komplett im Text gegeben waren. Es kann also gefolgert werden, dass die Naturwissenschaftsaufgaben bei PISA 2006 ein wenig mehr dem Profil einer klassischen naturwissenschaftlichen Aufgabe entsprechen als die seiner Vorgänger.

4.1.4 Zusammenfassung der Ergebnisse

Zunächst muss konstatiert werden, dass ein Vergleich der Vorgaben für die Konstruktion der Aufgaben bei PISA 2006 mit deren Umsetzung nicht möglich ist, da diese viel zu unscharf und zu wenig umfassend sind. Es lässt sich lediglich feststellen, dass die kontextuelle Einbindung als anwendungsbezogene Aufgabe mit lediglich 0,05 auf der Skala als zu gering erscheint, um den geforderten Akzent darauf nachzuweisen (siehe Kapitel 4.1.1, S. 48).

Der Vergleich der Aufgaben der Testdurchläufe 2000/2003 und 2006 führt im Gegensatz dazu zu bemerkenswerten Ergebnissen, die an dieser Stelle zusammengefasst werden sollen.

- *Gesellschaft* als Kontext ist in seinem Anteil weit vermindert worden und spielt 2006 nahezu keine Rolle mehr.
- 2006 werden kaum Alltagsvorstellungen berücksichtigt, 2000/2003 gar keine.
- Bei PISA 2006 werden vermehrt unterschiedliche Bezüge der Kontexte benutzt. *Natur* ist der häufigste Bezug, gefolgt von *Mensch* und *Alltag*, diese drei sind beinah gleich bedeutend. 2000/2003 war der Naturbezug noch bei weitem der häufigste, die anderen beiden Bezüge lagen nur bei der Hälfte des Wertes (siehe auch Abb. 4.8, S. 87).
- Bei Aufgaben aus PISA 2006 ist der Unterschied zwischen „Knowledge of Science" und „Knowledge about Science" mit dem Unterschied zwischen dem Prozess „Fachwissen nutzen" und den anderen Prozessen im Bremen-Oldenburger Kompetenzmodell fast kongruent. Dabei entspricht „Knowledge of Science" „Fachwissen nutzen".
- Die textuelle Hürde wird 2006 weit abgebaut. Die Kontexte werden insgesamt beträchtlich kürzer (55 % weniger Worte, d.h. der Umfang wird etwa halbiert) und haben weniger Stimulationsmaterial. Dafür werden die textuelle Kohärenz, Gliederung und der Satzbau nahezu optimiert. Die Verständlichkeit der (kontinuierlichen) Texte ist somit stark verbessert im Gegensatz zu 2000/2003.

⇒ Das Textverständnismodell von Kintch und van Dijk könnte bei der Optimierung der Aufgabentexte 2006 verwendet worden sein. Die Aufgaben könnten dadurch valider geworden sein, da sie eher naturwissenschaftliche Kompetenz messen und nicht die Fähigkeit, das Kontextmaterial zu verstehen.

⇒ Die Bedeutung des Kontextmaterials für die Gesamtaufgabe ging zurück, da der Umfang 2006 stark zurückgegangen ist.

- Der Akzent der Aufgaben liegt im Bremen-Oldenburger Kompetenzmodell auf dem Prozess „Fachwissen nutzen". Dies ist im Vergleich zu 2000/2003 noch stärker der Fall, der Anteil steigt von 44 % auf 59 %.

- 2006 ist der Prozess „Kommunizieren" des Bremen-Oldenburger Kompetenzmodells nahezu ohne Bedeutung.

⇒ Die Bandbreite der aus dem Bremen-Oldenburger Kompetenzmodell beteiligten Prozesse ist im Durchgang 2006 geringer geworden. Die Aufgaben sind somit einseitiger.

- Bei PISA 2000/2003 waren noch mehr Aufgaben den beiden Inhaltsrepräsentationsstufen von „ablesen" zuzuordnen (38 %) als den beiden von „ergänzen" (31 %). Bei PISA 2006 kehrte sich dies um: „ablesen" hatte nur noch einen Anteil von 30 % und „ergänzen" von 48 %. Das heißt, die meisten Aufgaben bei PISA 2006 liefern nicht alle Informationen zur Lösung mit.

- Der Anteil an geschlossenen Aufgabenformaten ist 2006 gegenüber 2000/2003 von 50 % auf 71 % gestiegen. Dies geht vor allem zu Lasten der Langsatz bzw. Aufsatzaufgaben, deren Anteil von 19 % auf 10 % fiel.

> ⇒ PISA 2006 ist näher am Profil klassischer Physikaufgaben als PISA 2000 bzw. 2003, auch weil sie ein wenig einseitiger sind. Dies setzt voraus, dass die veröffentlichten Aufgaben dieser beiden Jahrgänge tatsächlich repräsentativ sind, obwohl sie nur in geringer Stückzahl vorliegen.

4.2 PISA-ähnliche Aufgaben

In diesem Kapitel werden Aufgaben in ihrer Struktur untersucht, die explizit den Anspruch haben, die Art der PISA-Aufgaben nachzubilden („PISA-ähnliche Aufgaben"). Diese Untersuchung geschieht stets vergleichend zu den Ergebnissen des Vorkapitels und geht systematisch identisch vor. Nach einer Einführung in bereits vorhandene Aufgabenbeispiele dieser Art wird die Untersuchung durchgeführt, die in der Formulierung eines Thesenkatalogs mündet. In diesem werden dann die Erkenntnisse des gesamten Kapitels zusammengefasst und in Forderungen an die Weiterentwicklung PISA-ähnlicher Aufgaben umgesetzt. Dazu gehört auch eine knappe Problematisierung des Begriffs „PISA-Aufgabe".

4.2.1 Umgesetzte Beispiele von PISA-ähnlichen Aufgaben

Aus der speziellen Art der PISA-Aufgaben, dem schlechten Abschneiden deutscher Schüler bei PISA sowie dem Glauben an die Relevanz solcher Aufgabenformate wurde oftmals der Schluss gezogen, dass es wichtig sei, deutsche Schülerinnen und Schülern auch im Unterricht mit PISA-Aufgaben zu konfrontieren. Dies wird gerade bei Inhalten für sinnvoll erachtet, die sich mit der Frage auseinandersetzen, ob bestimmte Themen naturwissenschaftlich untersucht werden können, außerdem bei Bewertungsaufgaben und solchen, die den Schwerpunkt auf die Kommunikation von naturwissenschaftlichen Ergebnissen legen (Vgl.: Duit 2002, S. 18). Auch für das Training zur aktiven Teilnahme an gesellschaftlichen Entscheidungsprozessen werden PISA-ähnliche Aufgaben als wertvoll angesehen (Vgl.: Gröger u. a. 2002, S. 21). Desweiteren wird in der Verwendung von PISA-ähnlichen Aufgaben ein Beitrag zur Entwicklung der Aufgabenkultur gesehen (Vgl.: Petri und Einhaus 2006, S. 300). Implizit enthalten ist jedoch vermutlich auch die Annahme, dass die Verwendung dieser - für Schülerinnen und Schüler ungewöhnlichen - Aufgabenart zu besseren Testergebnissen bei weiteren PISA-Studien führe. Anzumerken ist an dieser Stelle, dass PISA-Aufgaben in ihrer Intention Testaufgaben sind - die oben genannten Ziele entsprechen jedoch denen von Lernaufgaben. Es ist keineswegs selbstverständlich, dass PISA-ähnliche Aufgaben tatsächlich effektiv diese Lernaspekte unterstützen können.

Weit verbreitet ist die Verwendung dieser Art von Aufgaben nicht. Neben Beispielen aus Duit (2002) und Gröger u. a. (2002) ist vor allem ein Projekt des Instituts für Didaktik der Naturwissenschaften der Universität Bremen zu nennen, das in Kooperation mit dem Bremer Senator für Bildung und Wissenschaft zwei Bände mit PISA-ähnlichen Aufgaben herausgebracht hat (Vgl.: Einhaus und Petri (2002) und Einhaus, Kulgemeyer, Marks und Petri (2002)). Die Aufgabenserien in den beiden Bänden waren zentral für den Einsatz in Vertretungsstunden gedacht und wurden allen Schulen im Land Bremen zugestellt. Jede Aufgabenserie ist so konstruiert worden, dass ihre Bearbeitung in etwa einer Schulstunde möglich ist. Gekürzt und leicht verändert erscheinen Teile davon zusätzlich seit Juli 2006 in Form einer Serie in der Zeitschrift „Der mathematische und naturwissenschaftliche Unterricht"[2].

Zur Untersuchung wird in diesem Kapitel Band 2 dieser PISA-ähnlichen Aufgabensammlung herangezogen. Der Grund dafür ist, dass die Aufgaben aus Band 1 im Wesentlichen bereits veröffentlichte PISA-Aufgaben aufgreifen und weiter entwickeln. Band 2 hingegen ist von Grund auf neu konzipiert und eigenständig entwickelt worden, sodass eine Untersuchung hier sinnvoll erscheint. Bei der Erstellung der Aufgaben aus Band 2 wurde versucht, die Charakteristika der originalen PISA-Aufgaben nachzuahmen, wobei als Orientierung lediglich die veröffentlichten Aufgaben aus 2000 und 2003 vorlagen. In der Folge soll auch der Erfolg dieses Anspruchs beurteilt werden.

---

[2]Bereits veröffentlicht: Der Basisartikel: Petri und Einhaus (2006) sowie die Aufgabenserien: Einhaus u. a. (2002), Einhaus u. a. (2006a), Einhaus u. a. (2006b), Einhaus und Petri (2006b), Einhaus und Petri (2006c), Einhaus und Petri (2006a), Einhaus und Petri (2002), Kulgemeyer u. a. (2006), Kulgemeyer u. a. (2007). Eine Aufgabe erschien auch im Rahmen von Marks u. a. (2006)

4.2.2 Vergleichende Untersuchung der Struktur PISA-ähnlicher Aufgaben

Einstufung einer Musteraufgabe

Zur beispielhaften Einstufung einer Musteraufgabe wird Unterrichtsvorschlag 4 aus Band 2 „Windenergie und Umwelt" (Vgl.: Einhaus u. a. 2002, S. 19-23) benutzt, da er in vielerlei Hinsicht repräsentativ für die Bandbreite der Aufgaben dieses Bandes ist. Aus Platzgründen wird sich hier jedoch auf die ersten drei Aufgaben der Serie beschränkt, die auf den Folgeseiten angeführt sind (siehe ab S. 75).

Für alle Einzelaufgaben zutreffend ist die Einstufung der *Rahmenbedingungen*, es handelt sich um eine Einbindung als *Serie* mit der Intention *Lernen*. Auch aus der Kategorie *Aufgabenkultur* ist die Einstufung des Kriteriums *Kooperation* als *Individual* eindeutig. Die Beurteilung des *Bezugs* ist problematischer. Sicherlich ist *Umwelt* hier zu erkennen, ein direkter Bezug zum *Menschen*, also dem menschlichen Körper, kann ebenso ausgeschlossen werden wie zur *Gesellschaft*, da dabei die Thematisierung der Auswirkungen naturwissenschaftlicher Erkenntnisse beinhaltet seien müssten. Diskussionswürdig ist die Einstufung des Bezugs als *Alltag*. Gerade im Norden Deutschlands ist jedoch die Windkraftanlage so gängig und häufig anzutreffen, dass davon ausgegangen werden kann, dass der Themenkreis Anknüpfungspunkte zur Alltagswelt hat.

Die *Textbarriere* des Kontextmaterials ist hier wesentlich anders als bei den Aufgaben aus PISA 2006. Zum einen ist die *Gliederung* des Textes nur durchschnittlich und wurde somit mit 0,5 bewertet. Zwar sind gliedernde Absätze vorhanden, diese sind jedoch räumlich nicht deutlich voneinander getrennt, sodass eine Orientierung erschwert wird. Darüber hinaus sind die Absätze nicht immer kongruent mit den thematischen Wechseln des Textes - zwar beinhaltet der letzte Absatz eine Zusammenfassung und der erste ein Zitat, doch die beiden mittleren sind thematisch nicht zu unterscheiden. Der Satzbau ist nur mit *hypotaktisch* zu bezeichnen, es werden viele Nebensätze verwendet und die Anzahl der Worte pro Satz ist hoch. Das Kriterium *Stimulanz* ist wegen der Illustration und der Verwendung eines Zitats mit 1, also vorhanden, einzustufen. Die Einstufung der *Kohärenz* kann dagegen nur mit 0 geschehen. Ein wörtliches Aufgreifen von Substantiven

4.2 PISA-ÄHNLICHE AUFGABEN

des Vorsatzes ist selten der Fall und die Thema-Rhema-Ordnung der Sätze ist nur durch komplexe Muster zu erkennen.

Für die drei hier angeführten Aufgaben gilt, dass weder *Alltagsvorstellungen* noch *visuelle Vorstellung* als Anforderungsmerkmal konstatiert werden kann.

Aufgabe 4.1 a) ist von *geschlossenem* Format und eine *Multiple Choice*-Aufgabe. Sie basiert auf reinem Textverständnis und kann somit nicht in die Prozess-Ausprägung-Matrix des *Bremen-Oldenburger Kompetenzmodells* eingestuft werden. Die *Inhaltsrepräsentation* ist jedoch klar: Die angeforderte Information ist in einem *kontinuierlichen* Text - dem Zitat - enthalten, der sich auf *alltäglicher* Ebene befindet.

Im Wesentlichen kann diese Einschätzung auch für Aufgabe 4.1 c) übernommen werden, es handelt sich lediglich um das *geschlossene* Format einer *Multiple Select*-Aufgabe. Deren letzte These ist jedoch nicht mit bloßen Textverständnis beurteilbar, hier muss eine zusätzliche Einstufung in das *Bremen-Oldenburger Kompetenzmodell* vorgenommen werden. Es handelt sich um das Abfragen von Fachwissen mit der Anforderung des Erklärens einer naturwissenschaftlichen Situation. Die Ausprägungsstufe ist mit „lebensweltlich" beurteilt worden. Das wird durch folgende Überlegung begründet: Die Beantwortung mit „falsch" kann rein auf Basis des Vergleichs der Windkraftanlage mit dem lebensweltlichen Gegenstand Ventilator erfolgen - hier kann ein wesentlicher Unterschied konstatiert werden, obwohl die Optik ähnlich ist - der Ventilator „produziert" Wind, die Windkraftanlage nutzt den bereits vorhandenen Wind. Die Überlegung, dass der Ventilator selbst auch nicht die Umwelt abkühlt, ist nicht vonnöten - ebensowenig wie die Überlegung, ob rein physikalisch überhaupt ein „falsch" haltbar ist. Die Aussage „Die Windkraftanlage kühlt die Umwelt ab" jedenfalls ist nicht ohne konzeptuell vertieftes Wissen beantwortbar und alles andere als trivial[3].

---

[3] Dazu muss betrachtet werden, woher die Windkraftanlage die elektrische Energie bezieht, die sie generiert. Stammt sie aus einem Übertrag von Wärmeenergie des Windes, so würde sie die Umwelt offensichtlich abkühlen. Folgende Überlegung ist vielleicht tragfähig: Wind entsteht durch Druckdifferenzen in der Luft. Da Druck Kraft pro Flächeneinheit ist, werden Luftmassen zum Tiefdruckgebiet beschleunigt. Würde die WKA ihre Energie aus der kinetischen Energie des Windes beziehen, so würde der Wind gebremst werden und die Luft hinter der WKA langsamer sein als davor. Dies jedoch würde eine Stauung der Luft bedeuten, die schließlich zum Stillstand der Luft führt und

4.2 PISA-ÄHNLICHE AUFGABEN

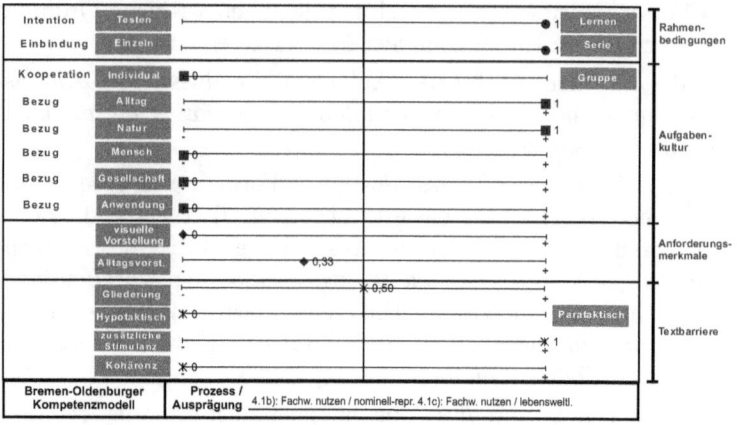

Abb. 4.5: Darstellung der Strukturmerkmale der PISA-ähnlichen Aufgabe „Windenergie und Umwelt" aus Einhaus u. a. (2002)

Aufgabe 4.1 b) ist von *geschlossenem* Format und eine *Multiple Choice*-Aufgabe. Die *Textbarriere* kann nicht eingestuft werden, denn eine Verknüpfung von textuellen und memorierten Informationen ist bei dieser Aufgabe sicherlich nicht gefordert. Es wird vielmehr eine Aussage des Kontextmaterials wiederholt, deren Logik in diesem nicht hinterfragt wurde. Bei der Aufgabe muss also eine naturwissenschaftliche Situation erinnert werden, dieser Strang wird im *Bremen-Oldenburger Kompetenzmodell* dem Kompetenzbereich „Fachwissen nutzen" zugeordnet. Mit rein lebensweltlichen Konzepten kann die Antwort jedoch nicht gefunden werden, das Wissen um den Zusammenhang zwischen CO_2-Produktion und dem Verbrennen von verschiedenen Stoffen ist auf jeden Fall fachlicher Natur. Dennoch kann davon ausgegangen werden, dass im Zuge der Diskussion um Klimaveränderungen bereits die korrekte

---

die nicht beobachtet werden kann. Die elektrische Energie stammt also aus der Differenz des Potentials im Druckfeld vor und nach der WKA - die Luft hat vorher wie nachher dieselbe Geschwindigkeit. Wäre die WKA nicht da, so wäre die Luft nach dieser Strecke schneller. Anders gesagt: Eine WKA macht nur bei beschleunigten Luftmassen Sinn, nicht bei solchen, die eine konstante Geschwindigkeit haben. Die elektrische Energie stammt also (vereinfacht) aus der Differenz der potentiellen Energie im Druckfeld der Luft vor und nach der WKA und nicht aus der Wärmeenergie.

4.2 PISA-ÄHNLICHE AUFGABEN

Lösung erfahren wurde. Aus diesem Grunde handelt es sich um ein Erinnern der richtigen Lösung und somit um die Ausprägung *nominell-reproduktiv*. Aus diesen Einstufungen ergibt sich die Übersicht in Abb. 4.2.2, 74.
Die zusätzlichen Aufgaben dieser Serie befinden sich im Anhang in Kapitel 5.7.2, S. 115.

**Unterrichtsvorschlag 4
Windenergie und Umwelt**

„Die ersten Windenergieanlagen wurden als umweltfreundliche ‚Stromproduzenten' von einer breiten Mehrheit der Bevölkerung begrüßt. So wurden z. B. 1999 in Deutschland über 600 Millionen kWh an elektrischer Energie bereitgestellt. Dies ersparte der Atmosphäre eine Belastung von ca. 6 Millionen Tonnen Kohlenstoffdioxid (CO_2) [...]"[1].

Abbildung 1: Eine Batterie von Windkraftanlagen im Norden Deutschlands

Heute ist die Bevölkerung vielerorts jedoch auch auf die negativen Seiten der Windenergie aufmerksam geworden. Wegen der Förderung der Windenergie durch Staatszuschüsse wurden in letzter Zeit viele Windkraftanlagen aufgestellt und gerade Anwohner beschweren sich über deren Auswirkungen auf die Umwelt. Da ist zum einen die Veränderung des Landschaftsbildes - schöne Kulissen werden durch manche Windkraftanlagen entwertet. Damit jedoch könnten viele noch leben, wenn es nicht unmittelbare Auswirkungen auf den Menschen selbst gäbe. Denn die sich drehenden Rotoren der großen „Windmühlen" produzieren nicht nur Lärm, sondern können durch die an ihrem Rotor reflektierte Sonne auch das Wohlbefinden erheblich stören. Darüber hinaus kann im Gegenlicht ein Schatten geworfen werden, der durch die Drehung nicht still bleibt, sondern ständig wechselt und dadurch äußerst nervtötend wirkt.
Kritiker bringen auch immer wieder zur Sprache, dass die großen Anlagen für Vögel zum Problem würden. So seien Zugvögel beispielsweise besonders ortsunkundig und tödliche Unfälle vorprogrammiert. Neueste Studien entkräften diesen Vorwurf jedoch, denn der Lärm der Anlage warnt die Vögel frühzeitig und bringt sie dazu, die Masten weiträumig zu umfliegen.
Zusammenfassend kann man festhalten, dass die Auswirkungen der Windkraftanlagen den Menschen weit mehr stören als die Tier- und Pflanzenwelt.

---

[1] Aus.: Berge, Otto Enst und Hermann von Radecke: Windenergie und Umwelt. In: Naturwissenschaft im Unterricht Physik 16 (2005). Heft 88. S.14-15.

Aufgabe 4.1

(a) Die Installation von Windkraftanlagen ersparte der Umwelt eine stärkere Belastung mit Kohlenstoffdioxid (CO_2). Wieviel betrug diese Entlastung im Jahre 1999?

- ○ Ca. 60 Millionen Tonnen.
- ○ Ca. 2 Millionen Tonnen
- ○ Ca. 6 Milliarden Tonnen.
- ○ Ca. 6 Millionen Tonnen.

(b) Windkraftentlagen können also die Umwelt entlasten, indem sie die Belastung mit CO_2 verringern. Wie kann das sein?

- ○ Durch die Windkraftanlagen müssen andere Kraftwerke weniger Brennstoffe verbrennen. Deshalb wird CO_2 eingespart.
- ○ Durch die Windkraftanlagen wird die Luft ähnlich wie bei einem Ventilator besser verteilt.
- ○ Die Windkraftanlagen benötigen ähnlich wie Pflanzen CO_2 um richtig zu funktionieren.
- ○ Durch den Strom der Windkraftanlagen konnten teure Atmosphärenbereinigungsmaschinen betrieben werden.

(c) Es gibt viele Auswirkungen der Windkraftanlagen auf Mensch und Umwelt. Entscheide mithilfe des Textes, welche dieser Aussagen richtig und welche falsch sind!

	richtig	falsch
Die am Rotor reflektierte Sonne kann Menschen stören.	○	○
Zugvögel sterben sehr oft auf ihren langen Reisen in Parks von Windkraftanlagen.	○	○
Der Schattenwurf des Rotors ist besonders für die Anwohner störend.	○	○
Wie bei einem Ventilator kann die Windkraftanlage die Umwelt abkühlen.	○	○

Ergebnisse der Einstufung der Gesamtheit der Aufgaben

Bei der Betrachtung der Strukturmerkmale der PISA-ähnlichen Aufgaben aus Einhaus u. a. (2002) fällt zunächst auf, dass das Kriterium *Bezug* der Kategorie *Aufgabenkultur* eine gewisse Einseitigkeit offenbart (siehe Abb. 4.6, S. 78). Der mit Abstand am häufigsten gefundene Unterpunkt ist *Alltag* (0,87), *Natur* und *Mensch* folgen mit deutlichem Abstand. Die drei häufigsten Bezüge der Aufgaben sind also identisch mit denen der originalen PISA-Aufgaben aller Durchgänge. Dass der Bezug *Alltag* jedoch der am häufigsten vertretene ist, zeigt einen durchaus bedeutenden Unterschied an. Es scheint so zu sein, dass bei den originalen PISA-Aufgaben wesentlich mehr humanbiologische Themen aufgegriffen wurden als bei den PISA-ähnlichen Aufgaben, deren Akzent mehr auf physikalischen und chemischen Inhalten liegt. Auf jeden Fall sind beim *Bezug* der Aufgaben andere Prämisse befolgt worden als bei den originalen PISA-Aufgaben.

Eine untergeordnete Rolle spielt ebenfalls die Berücksichtigung von *Alltagsvorstellungen* innerhalb der Kategorie *Anforderungsmerkmale*. Anders als bei PISA 2000/2003 und analog zu PISA 2006 werden jedoch vereinzelt Aufgaben verwendet, die hier eingestuft werden können.

Die Textbarriere bei den PISA-ähnlichen Aufgaben ähnelt der bei PISA 2000/2003. Im Gegensatz zur sehr ausdifferenzierten und optimierten textuellen Gestaltung der Aufgaben bei PISA 2006 ist hier in allen Kriterien hinsichtlich der Verständlichkeit eine Verbesserung möglich. Lediglich die *Gliederung* (0,63) und die *zusätzliche Stimulanz* (0,56) des Textes erreichen befriedigende Werte. Die *zusätzliche Stimulanz* liegt somit in der Größenordnung von PISA 2006, jedoch unter dem erreichten Wert bei PISA 2000/2003. Dieses Kriterium wird oftmals als PISA-typisch angesehen, da hier auch abgelesen werden kann, inwieweit reale Zeitungstexte, Illustrationen oder Zitate eingebunden wurden. Bei PISA 2006 ist die Annahme bereits nicht mehr haltbar, auch die PISA-ähnlichen Aufgaben entsprechen dem nicht.

Bei der Betrachtung der *Kohärenz* ist auffällig, dass die PISA-ähnlichen Aufgaben aus Einhaus u. a. (2002) noch geringere Werte erreichen als die bei PISA 2000/2003. Die Kohärenz der Texte bei PISA 2006 ist weit höher auf der Skala angesiedelt. Auch der *Satzbau* weist eine starke Tendenz zu hypotaktischen Sätzen auf. Die für die Verständlichkeit optimale Balance zwischen para- und hypotaktischen Sätzen kann nicht erreicht werden. Als Fazit lässt sich also ziehen, dass die Textbarriere, die bei den PISA-ähnlichen Aufgaben aus Einhaus u. a. (2002) errichtet wird, der aus PISA 2000/2003 in der Tendenz ähnelt; die Texte sind jedoch im Allgemeinen noch schlechter verständlich.

Passend zu diesen Erkenntnissen ist auch die Länge der Kontextmaterialien (Tab. 4.14, S. 78). Es zeigt sich, dass die PISA-ähnlichen Aufgaben einen weit umfangreicheren Einleitungstext aufweisen, der im Durchschnitt sogar 300 Worte hat. Dies liegt noch über dem Wert der Worte pro Kontext bei PISA 2000/2003 (212) und ist mehr als dreimal so hoch wie bei PISA 2006 (96). Es zeigt sich wiederum, dass die PISA-ähnlichen Aufgaben in der Textgestaltung

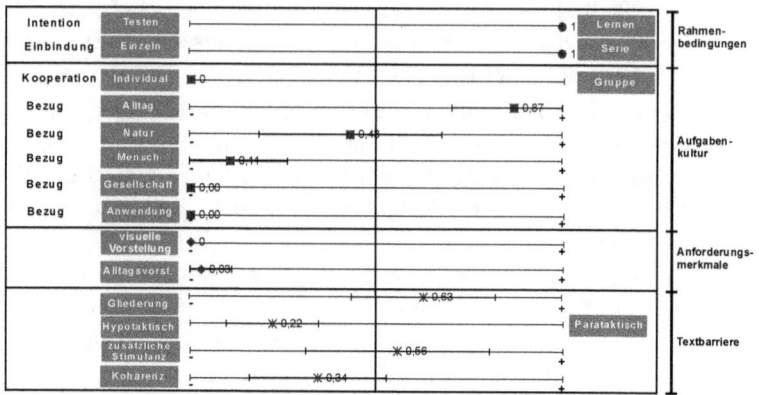

Abb. 4.6: Darstellung der Strukturmerkmale der PISA-ähnlichen Aufgaben aus Einhaus u. a. (2002). Die Fehlerbalken entsprechen einer halben Standardabweichung in beide Richtungen.

dem Vorbild der Aufgaben aus PISA 2000/2003 folgen.

Durchlauf	Worte / Kontext
PISA-ähnlich	300

Tab. 4.14: Durchschnittliche Worte pro Kontext bei den PISA-ähnlichen Aufgaben aus Einhaus u. a. (2002)

Die Analyse der Zugehörigkeit der Aufgaben zur Matrix Prozess-Ausprägung im *Bremen-Oldenburger Kompetenzmodell* (siehe Abb. 4.15, 79) zeigt zunächst, dass 42 % der Aufgaben nicht eingestuft werden konnten, da sie lediglich Textverständnis erforderten. Dies ist ein Charakteristikum der PISA-ähnlichen Aufgaben, das so in keinem der PISA-Durchläufe wiederzufinden ist. Der Grund dafür ist einerseits, dass hier nur naturwissenschaftliche Aufgaben analysiert wurden - wären Aufgaben zur Reading Literacy mit einbezogen worden, würde sich dieses Bild entscheidend wandeln. Andererseits haben auch die Aufgaben aus Einhaus u. a. (2002) den Anspruch, naturwissenschaftlich zu sein. Bei der Betrachtung von PISA 2000/2003 gab es unter den Naturwissenschaftsaufgaben zwar ebenfalls Aufgaben, die nach dem Verständnis des Bremen-Oldenburger Kompetenzmodells keine naturwissenschaftliche Kompetenz zur Lösung erforderten, dies waren jedoch lediglich 6 %. Die 46 % bei den PISA-ähnlichen Aufgaben zeigen, dass bei der Erstellung der PISA-ähnlichen Aufgaben dieses Charakteristikum als Besonderheit aufgenommen und verstärkt berücksichtig wurde - jedoch weit stärker, als es in der Vorlage der Fall war. Ansonsten folgen die PISA-ähnlichen Aufgaben dem Profil der beiden PISA-Durchläufe insoweit, als dass die restlichen Aufgaben sich in der Reihenfolge der Häufigkeit auf die Prozesse „Fachwissen nutzen", „Erkenntnisse gewinnen", „Bewerten" und „Kommunizieren" verteilen. Die Bandbreite ist jedoch größer als bei PISA 2006, da „Fachwissen nutzen" nicht eine solch herausragende Stellung hat. In dieser Hinsicht entsprechen die Aufgaben denen aus PISA 2000/2003, gehen aber über diese noch hinaus.

		Prozess			
		Fachwissen nutzen	Erkenntnisse gewinnen	Kommunizieren	Bewerten
Ausprägung	lebensweltlich	2 (1 %)	-	-	-
	nominell / reproduktiv	35 (20 %)	2 (1 %)	3 (2 %)	9 (5 %)
	aktiv anwenden	18 (10 %)	18 (10 %)	1 (1 %)	2 (1 %)
	konzept. vertieft	1 (1 %)	6 (3 %)	-	6 (3 %)
	Summe:	56 (31 %)	26 (15 %)	4 (2 %)	17 (9 %)

Tab. 4.15: Einordnung der PISA-ähnlichen Aufgaben aus Einhaus u. a. (2002) in die Kompetenzmatrix des Bremen-Oldenburger Kompetenzmodells. 76 Aufgaben (42 %) konnten nicht eingeordnet werden, da die basale Kompetenz dabei Textverständnis war.

Werden die Aufgaben nach ihrem Format differenziert betrachtet, so zeigt sich, dass die PISA-ähnlichen Aufgaben aus Einhaus u. a. (2002) beinah zu gleichen Teilen offene wie geschlossene Anteile besitzen (siehe Tab. 4.16, S. 80). Das unterscheidet sie von den Aufgaben aus PISA 2006 immens, hier sind 71 % der Aufgaben geschlossenen Formats. Die PISA-ähnlichen Aufgaben ähneln also auch in dieser Beziehung denen von PISA 2000/2003. Besonders signifikant ist dies, wenn beachtet wird, dass der Anteil von Lang- oder Aufsatzaufgaben bei den PISA-ähnlichen Aufgaben bei 30 % liegt - dies steigert die Werte von PISA 2000/2003 (19 %) und PISA 2006 (10 %) noch einmal entscheidend.

Aufgabentyp	Anzahl	Anteil
Multiple Choice	61	34%
Multiple Select	32	18%
Kurzsatz	33	18%
Lang-/Aufsatz	53	30%
$\sum$ geschl.:	93	52%
$\sum$ offen:	86	48%

Tab. 4.16: Unterscheidung der PISA-ähnlichen Aufgaben aus Einhaus u. a. (2002) nach ihrem Typ

Wird analysiert, welche Aufgaben in welcher Form auf textuelle Information angewiesen sind (siehe Tab. 4.17, S. 81), so resultiert daraus ein Ergebnis, das die zuvor gewonnenen Resultate noch unterstützt. Die PISA-ähnlichen Aufgaben sind demnach zu 55 % so angelegt, dass sie durch reine Kombination von gegebenen Informationen aus dem Text gelöst werden können. Auch in dieser Hinsicht ähneln sie also den Aufgaben aus PISA 2000/2003, denn hier wie da sind mehr Aufgaben dem Unterpunkt „ablesen" zuzuordnen gewesen als dem Unterpunkt „ergänzen". Dennoch legen die PISA-ähnlichen Aufgaben noch deutlicher den Akzent auf den Unterpunkt „ablesen".

Die Ergebnisse können folgendermaßen zusammengefasst werden: Wird in den einzelnen Kriterien, Kategorien und Unterpunkten der Unterschied zwischen PISA 2000/2003 und PISA 2006 betrachtet und in einer Skala gemessen, wie es hier geschehen ist, so liegen

4.2 PISA-ÄHNLICHE AUFGABEN

	Fachlich / ergänzen	Alltäglich / ergänzen	Fachlich / ablesen	Alltäglich / ablesen
kontinuierlich	-	6 (3 %)	3 (2 %)	28 (16 %)
diskontinuierlich	9 (5 %)	4 (2 %)	46 (26 %)	21 (12 %)

$\sum = 19$ (11 %) $\sum = 98$ (55 %)

Tab. 4.17: Unterscheidung der PISA-ähnlichen Aufgaben aus Einhaus u. a. (2002) nach den einzelnen Bereichen der Inhaltsrepräsentation

die Werte der PISA-ähnlichen Aufgaben zum großen Teil auf der aus Sicht der PISA 2006-Aufgaben abgewandten Seite der PISA 2000/2003-Aufgaben (siehe Abb. 4.8, S. 87). Dies lässt sich wie folgt interpretieren: Die Eigenschaften der PISA 2000/2003-Aufgaben wurden zum Vorbild genommen und durchaus befolgt, allerdings stets noch ein wenig extremer ausgelegt. Bei PISA 2006 sind diese Merkmale jedoch wieder abgeschwächt und andere Akzente gesetzt worden, z.B. die maximale Verständlichkeit des Kontextmaterials.

Ein weiterer Unterschied betrifft die Anzahl der Aufgaben pro Kontextmaterial. Bei PISA 2000/2003 sind ebenso wie bei PISA 2006 lediglich zwei bis fünf Aufgaben pro Kontext zu verzeichnen - bei den PISA ähnlichen Aufgaben sind es bis zu 20. Der Grund dafür ist sicherlich, dass die PISA-ähnlichen Aufgaben eines Kontextes in der Bearbeitung eine Schulstunde in Anspruch nehmen sollen. Dieses Verfahren kann jedoch nicht empfohlen werden, wenn eine maximale Ähnlichkeit der PISA-ähnlichen Aufgaben mit ihren Vorbildern angestrebt wird. Es sollten besser mehr Kontexte entwickelt werden.

Auf Basis dieser Erkenntnisse lassen sich einige Vorurteile über PISA- und PISA-ähnliche Aufgaben ausräumen. Dies betrifft zum einen den starke Textbezug der Aufgaben. Zu den Aufgaben aus Einhaus u. a. (2002) treffen Petri und Einhaus (2006) folgende Aussage:

> „Gemäß der PISA-Konzeption enthalten die Aufgaben alle notwendigen Sachinformationen, so dass keine Fakten oder Formeln erinnert werden müssen." (Petri und Einhaus 2006, S. 300)

4.2 PISA-ÄHNLICHE AUFGABEN

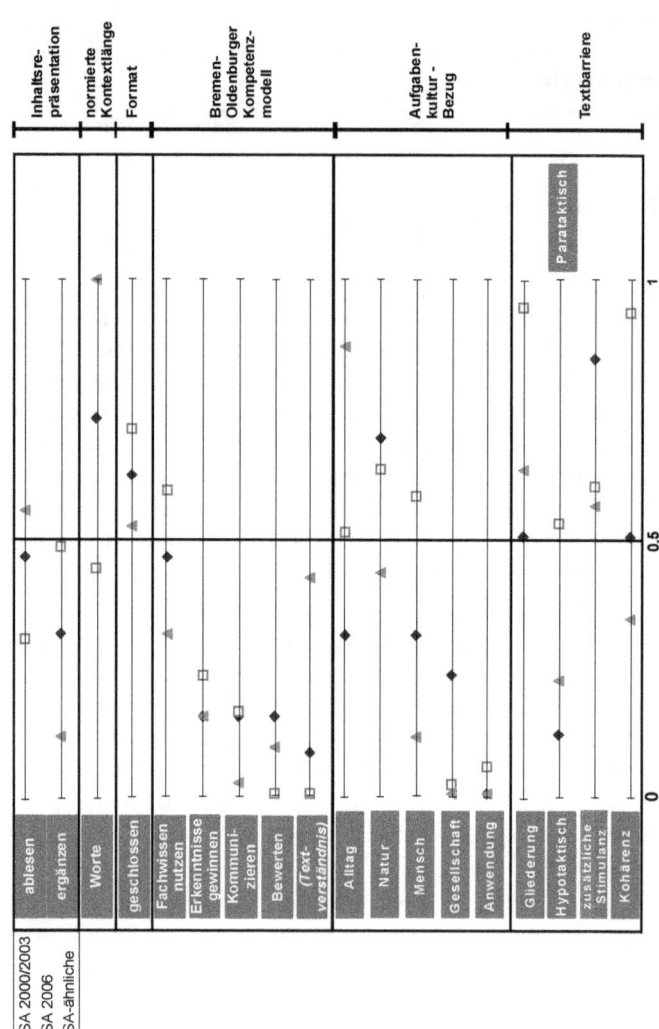

Abb. 4.7: Übersicht über die Vergleichskategorien der Aufgaben. Die Länge des Kontextes wurde auf die Länge des Kontextes der PISA-ähnlichen Aufgaben normiert, sodass dieser per definitionem dem Wert 1 entspricht. Ansonsten sind die bisher verwendeten Skalen von 0 bis 1 weiter verwendet worden oder die prozentualen Anteile auf 1 normiert dargestellt.

Das kann als widerlegt angesehen werden. Bei PISA 2006 die Inhaltsrepräsentationsbereiche „Alltäglich/ablesen" und „Fachlich/ablesen" zusammen nur 30 % aller Aufgaben beschreiben (siehe Tab. 4.6, S. 61). Bei PISA 2000/2003 ging die Tendenz mehr in Richtung dieser Aussage und bei den PISA-ähnlichen Aufgaben wurde dies noch ausgebaut. In dieser absoluten Formulierung hingegen war die Behauptung nie realistisch.

Auch die eingangs angeführte These, dass Bewertungskompetenz und Kommunikation sowie „Nature of Science" mit diesen Aufgaben besonders effektiv trainiert werden könne, ist zu überdenken. Die Analyseergebnisse zeigen, dass Aufgaben mit diesen Schwerpunkten bei PISA in der Minderheit sind. Somit kann zumindest nicht behauptet werden, dass PISA-Aufgaben diese Schwerpunkte bereits mitliefern. Dass eigene Aufgaben entwickelt werden können, die sie berücksichtigen und dennoch einige Eigenschaften der PISA-Aufgaben mitbringen, ist davon unberührt. Sie sind lediglich nicht mehr konsequent PISA-ähnlich.

4.2.3 Vorschläge zur Weiterentwicklung von PISA-ähnlichen Aufgaben

Duit (2006) hält es für möglich, dass das geringfügig bessere Abschneiden der deutschen Schüler bei PISA 2003 gegenüber PISA 2000 mit dem Training der besonderen Aufgabencharakteristika im Unterricht zusammenhängt (Vgl.: Duit 2006, S. 93). Wird dies ernst genommen, so kommt PISA-ähnlichen Aufgaben eine Schlüsselrolle zu - nicht zwingend bei der Verbesserung der Aufgabenkultur, aber zumindest bei der Verbesserung der Testergebnisse. Derlei „teaching for the test" ist zwar verpönt, aber dennoch gängige Praxis, sei es beim schlichten Lernen für das Abitur oder eben bei internationalen Schulvergleichsstudien. Aus diesem Grunde ist es von Bedeutung, dass die Veränderungen in der Aufgabenstruktur der Testaufgaben wahrgenommen werden und in neu gestaltete PISA-ähnliche Aufgaben umgesetzt werden. Die „Trainingsobjekte" sollten möglichst eng am Original liegen. Möglicherweise ist außerdem vom Einsatz der PISA-ähnlichen Aufgaben eine Verbesserung der schulischen Aufgabenkultur zu erwarten (Vgl.: Petri und Einhaus 2006, S. 300).

Die Zusammenfassung der Analyseergebnisse zu den PISA-ähnlichen Aufgaben aus Einhaus u. a. (2002) sind in der Folge angeführt.

- Bei den PISA-ähnlichen Aufgaben aus Einhaus u. a. (2002) ist der häufigste Bezug der zum Alltag. Insgesamt waren die drei häufigsten Bezüge wie bei den PISA-Durchläufen *Natur*, *Alltag* und *Mensch*, allerdings legen die originalen Aufgaben den Fokus auf die Natur.

- Alltagsvorstellungen wurden bei den PISA-ähnlichen Aufgaben in ähnlichem Maße berücksichtigt wie bei PISA 2006.

- Bei den PISA-ähnlichen Aufgaben ist weit weniger auf Textverständlichkeit geachtet worden als bei PISA 2006. Des Weiteren wurden mehr zusätzliche Stimulanzen in das Kontextmaterial eingebunden. Somit ist die textuelle Hürde in einer ähnlichen Größenordnung wie bei PISA 2000/2003, jedoch noch leicht erhöht.

- Das Kontextmaterial der PISA-ähnlichen Aufgaben ist mit durchschnittlich 300 Worten pro Kontext noch umfangreicher als bei PISA 2000/2003 und somit mehr als dreimal so lang wie bei PISA 2006.

- 42 % der Aufgaben lassen sich nicht in das Bremen-Oldenburger Kompetenzmodell einstufen, da sie auf reinem Textverständnis beruhen. Dies ist deutlich mehr als bei den PISA-Durchgängen, 2006 kamen solche Aufgaben gar nicht vor und 2000/2003 nur in 6 % aller Fälle.

- Die häufigsten Prozesse der Bremen-Oldenburger Kompetenzmodells waren in der Reihenfolge des Anteils an den Aufgaben „Fachwissen nutzen", „Erkenntnisse gewinnen", „Kommunizieren" und „Bewerten". Der Akzent liegt nicht so deutlich auf dem Prozess „Fachwissen nutzen" wie bei den PISA-Aufgaben.

4.2 PISA-ÄHNLICHE AUFGABEN

- Die Aufgaben berücksichtigen nahezu zum gleichen Teil offene wie geschlossene Formate. Dies ist ähnlich wie bei PISA 2000/2003 und somit ausgewogener als bei PISA 2006; hier liegt der Akzent mehr auf geschlossenen Formaten.

- Die PISA-ähnlichen Aufgaben benötigen zu 55 % ausschließlich textuell gegebene Informationen, bei PISA 2000/2003 war dies in der Tendenz ähnlich. Bei PISA 2006 liegt der Akzent mit 66 % deutlich mehr auf der Kombination von textuellen und memorierten Informationen.

⇒ Die PISA-ähnlichen Aufgaben ähneln somit tendenziell den Aufgaben aus PISA 2000/2003. Sie unterscheiden sich jedoch von den Aufgaben aus PISA 2006 mehr, als die Aufgaben aus PISA 2000/2003 sich von den Aufgaben aus 2006 unterscheiden. Das Ziel der Aufgabenkonstrukteure, ihre Aufgaben dem Vorbild von PISA 2000/2003 nachzuempfinden, ist also erreicht worden. Die veränderten Schwerpunkte von PISA 2006 können jedoch nicht nachgebildet werden.

Aus diesen Erkenntnissen lassen sich einige zentrale Punkte finden, die zusammenfassend beschreiben, wie PISA-ähnliche Aufgaben zu konstruieren sind, um den geänderten Anforderungen von PISA 2006 zu entsprechen. Mit einbezogen werden hier die Ergebnisse der Analyse der originalen PISA-Aufgaben. Auf genaue Werte wird zum großen Teil verzichtet, da sie sich ohnehin bei der Aufgabenentwicklung nicht berücksichtigen lassen. Es ist also pragmatisch, nur die Tendenzen der Weiterentwicklung anzugeben und einen Indikatorenkatalog für PISA-ähnliche Aufgaben aktueller Anforderung zu formulieren.

- In der Graphik werden fünf Felder beschrieben, die bei der Entwicklung PISA-ähnlicher Aufgaben bedacht werden sollten: Allgemeines, Kontextgestaltung, Kontextbezug, Itemgestaltung und das Bremen-Oldenburger Kompetenzmodell.

- Innerhalb der fünf Felder werden durch die grau abgestuften Felder Aufzählungspunkte skizziert, die die Eigenschaften PISA-ähnlicher Aufgaben genauer beschreiben. Wenn eine Gewichtung notwendig ist, sind sie in ein Diagramm einsortiert, an dem der Anteil abgelesen werden kann. Die Eigenschaften sollten für eine große Zahl von Aufgaben zutreffen, für die Einzelaufgabe aber als Richtwert gelten.

- Die Aufgaben sollten nur zu etwa einem Drittel die reine Kombination von textuellen Informationen verlangen. Es sollten andererseits kaum Aufgaben verwendet werden, die vollkommen ohne textuelle Information lösbar sind. Die These, dass PISA-Aufgaben alle benötigten Informationen mitliefern, ist nicht zutreffend.

Im Anhang findet sich zur Präzisierung dieser Entwicklungstendenzen einerseits die Neugestaltung der hier bereits analysierten Aufgabenserie „Windenergie und Umwelt" aus Einhaus u. a. (2002) und andererseits eine neu konzipierte Serie.

An dieser Stelle stellt sich die Frage, inwieweit dem Signifikant „PISA-Aufgabe" noch ein eindeutiges Signifikat zugeordnet werden kann. Damit zusammen hängt die Frage, welche Aufgaben nun PISA-ähnlich sind und welche nicht. Die PISA-Aufgaben der Durchgänge 2000/2003 bzw. 2006 unterscheiden sich in vielen Punkten so erheblich, dass eine eindeutige Begriffsbestimmung unmöglich erscheint. Ein „Rezeptbuch" zur Konstruktion PISA-ähnlicher Aufgaben ist somit nicht erstellbar. Mit den oben angeführten anzustrebenden Entwicklungstendenzen bei PISA-ähnlichen Aufgaben wird der pragmatischer Ansatz vertreten, dass die Aufgaben sich möglichst an den aktuellen Vorbildern orientie-

4.2 PISA-ÄHNLICHE AUFGABEN

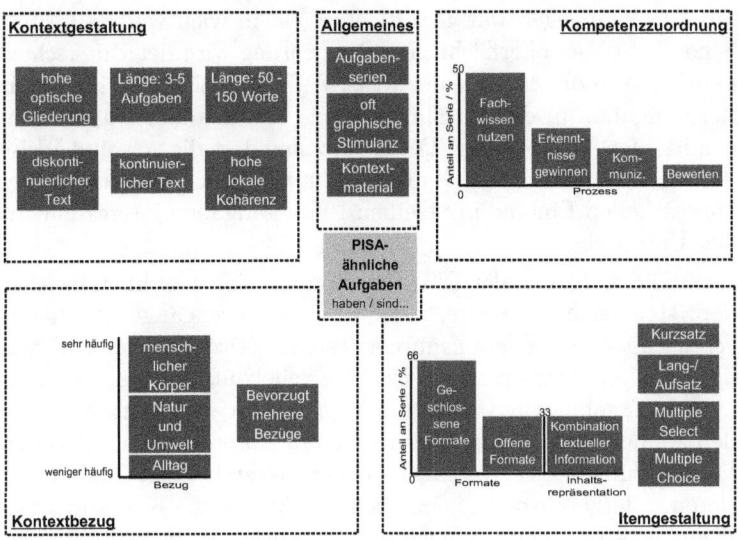

Abb. 4.8: Anforderungen an PISA-ähnliche Aufgaben für den Unterrichtseinsatz

ren sollten. Eine PISA-ähnliche Aufgabe ist also nur zeitabhängig PISA-ähnlich - und momentan eine, die den Aufgaben aus PISA 2006 ähnelt. Alternativ könnte angegeben werden, welchem PISA-Durchgang die Aufgabe ähneln soll.

In einer oberflächlichen Formulierung können bereits solche Aufgaben als PISA-ähnlich bezeichnet werden, die in eine Serie eingebettet sind, bei der eine Kombination von kontinuierlichem bzw. diskontinuierlichem Kontextmaterial mit den Aufgaben vorliegt. Dies ist für den unterrichtspraktischen Einsatz von PISA-ähnlichen Aufgaben von Bedeutung, wenn Fachinhalte mittels dieser Aufgabenart vermittelt werden sollen. Gerade so kann der Einsatz von PISA-ähnlichen Aufgaben zur Verbesserung der Aufgabenkultur beitragen. An dieser Stelle soll noch einmal explizit darauf hingewiesen werden, dass die untersuchten Aufgaben aus den PISA-Durchgängen sowie aus Einhaus u. a. (2002) nicht mit den Kriterien für gute *Lern*aufgaben verglichen werden können. Bei Lernaufgaben - gerade für den einführenden Einstieg in eine neue Unterrichtseinheit - sind manchmal divergente Lösungswege wünschenswert und eine hohe Trennschärfe zum Teil hinderlich. Bei den Testaufgaben aus PISA hingegen war gerade letzteres ein wichtiges Kriterium. Schon bei dieser oberflächlichen Betrachtung wird der Unterschied deutlich. Ob das Format der PISA-Aufgaben sich überhaupt für Lernaufgaben in diesem Sinne eignet, bedürfte einer genaueren empirischen Überprüfung. Dennoch: zumindest die Art und Weise der PISA-Aufgaben kann kennengelernt werden und aufgrund ihrer kontextuellen Einbindung bleiben PISA-Aufgaben interessant für den Unterricht.

Wenn die Aufgaben der PISA-Durchgänge sich so sehr unterscheiden, stellt sich die Frage, inwieweit die Durchgänge überhaupt vergleichbar sind. Diese kann nur testtheoretisch beantwortet werden, an dieser Stelle kommen jedoch Zweifel auf, ob Veränderungen in den Ergebnissen wirklich Lernprozessen zugeschrieben werden können - oder lediglich veränderten Anforderungen. Aus den Veränderungen des Abschneidens bei weiteren PISA-Tests resultieren in letzter Konsequenz auch schulpolitische Konsequenzen. Wenn diese Veränderungen nur durch Transformationen des Bezugssystems vorgespiegelt werden, so wären sie leicht missverständlich. Inwieweit diese Transformation jedoch die in den Medien viel beachtete „Rangliste" der Länder verändert, kann nur schwer beantwortet werden.

Abschnitt 5

Zusammenfassung und Ausblick

In diesem Kapitel sollen die Ergebnisse dieser Arbeit zusammengefasst werden. Daran schließt sich eine Darstellung der offen gebliebenen Fragen an, die in einem Ausblick über weitere lohnenswerte Aspekte mündet. Für weitergehende Analysen sei hier auch auf einen Artikel verwiesen, der wesentliche Teile dieser Arbeit enthält und auf ihren Ergebnissen beruht: KULGEMEYER, CHRISTOPH und SCHECKER, HORST (2007): PISA 2000 bis 2006 - Ein Vergleich anhand eines Strukturmodells für naturwissenschaftliche Aufgaben. *Zeitschrift für Didaktik der Naturwissenschaften (13)* S. 199-220.

Zunächst wurde auf Basis der Modells von Fischer und Draxler (2002), des Bremen-Oldenburger Kompetenzmodells, PISA und Erkenntnissen der Forschung zur Aufgabenkultur im Physikunterricht sowie zur Textverständlichkeit ein Modell entwickelt, das die Struktur einer naturwissenschaftlichen Aufgabe beschreiben kann. Das Strukturmodell wurde in der Folge angewendet, indem die veröffentlichten Aufgaben der PISA-Jahrgänge 2000 und 2003 einerseits und 2006 andererseits nach den Kategorien des Modells eingeschätzt wurden. Daraus resultierte ein Vergleich der Jahrgänge, der die ersten beiden PISA-Durchläufe (2000 und 2003) zusammenfasste und die Charakteristika ihrer Naturwissenschaftsaufgaben mit denen aus PISA 2006 verglich. Dabei war zu sehen, dass zwischen dem Durchlauf von 2003 und 2006 ein Prämissenwechsel bei der Erstellung der Testaufgaben vorgenommen wurde.

Ein ganz zentraler Unterschied zwischen den PISA Durchläufen 2000/2003 und 2006 betrifft die Gestaltung des Kontextmaterials. Die Kontexte wurden insgesamt weit weniger umfangreich (55 %

weniger Worte, d.h. der Umfang wurde etwa halbiert) und beinhalteten weniger Stimulationsmaterial. Dafür wurden textuelle Kohärenz, Gliederung und Satzbau nahezu optimiert, was dazu führt, dass die (kontinuierlichen) Texte 2006 weit verständlicher sind als 2000/2003. Eine mögliche Begründung dafür könnte sein, dass 2006 das Textverständnismodell von Kintch und van Dijk benutzt wurde, um die Texte zu optimieren. Gerade die starke Verbesserung der Textkohärenz weist in diese Richtung, denn sie ist zentrale Folgerung dieses Modells. Daraus folgt, dass der Naturwissenschaftsteil von PISA 2006 valider sein könnte seine Vorgänger - schließlich dringen tendenziell mehr Probanden zu den naturwissenschaftlichen Fragestellungen vor und scheitern nicht bereits an der textuellen Hürde. Die Aufgaben messen also eher naturwissenschaftliche Kompetenz als Textverständnis. Zu dieser These passt auch das Ergebnis, dass die Länge des Kontextmaterials 2006 gegenüber 2000/2003 halbiert wurde. Die Reduzierung in Umfang und Verständnisanforderung führt dazu, dass die Bedeutung des Kontextmaterials zurück geht.

Die Aufgaben aus PISA 2006 sind vornehmlich in Bezüge zur Natur eingebunden, ebenfalls häufig aufzufinden sind Bezüge zum Alltag und zum menschlichen Körper. Dies ist 2000/2003 nicht grundsätzlich anders - allerdings war die Dominanz des Naturbezugs dort weit größer.

Im Bremen-Oldenburger Kompetenzmodell zeigt sich, dass die Aufgaben aus PISA 2006 den Akzent mehr als die Aufgaben aus PISA 2000/2003 auf den Prozess „Fachwissen nutzen" legen; der Anteil dieser Aufgaben stieg von 44 % (2000/2003) auf 59 % (2006). Da 2006 nahezu keine Aufgaben mit Schwerpunkt im Prozess „Kommunizieren" verwendet wurden, sank die Bandbreite der angeforderten Prozesse gegenüber 2000/2003. Es zeigt sich außerdem, dass die Unterscheidung, die PISA 2006 zwischen Aufgaben zum „Knowledge of Science" und zum „Knowledge about Science" trifft, fast kongruent ist zur Unterscheidung des Prozesses „Fachwissen nutzen" zu den anderen Prozessen. Dabei entspricht „Knowledge of Science" dem Prozess „Fachwissen nutzen". Die Analyse des textuellen Bezuges der Aufgaben über die Form der Inhaltsrepräsentation zeigte ebenfalls eine Prämissenverschiebung von 2000/2003 zu 2006. 2000/2003 waren von den Aufgaben, die Informationen des Textes zur Lösung heranzogen, noch die meisten so gestaltet, dass sie alle Informationen zur Lösung bereits mit

4.2 PISA-ÄHNLICHE AUFGABEN

dem Text mitlieferten. Bei den Aufgaben aus PISA 2006 ist dies grundlegend anders: Die meisten Aufgaben benötigen nunmehr eine Verknüpfung von memorierten und textuell gelieferten Informationen, um zur Lösung zu gelangen. Daraus folgt, dass Aufgaben aus PISA 2006 nicht mehr die Informationen zur Lösung mitliefern - ein oft für ein Merkmal von PISA-Aufgaben gehaltenes Kriterium ist nicht mehr haltbar.

Außerdem stieg bei den Aufgaben aus PISA 2006 der Anteil an geschlossenen Aufgabenformaten an. Bei den Aufgaben aus den Durchläufen 2000/2003 sind nur 50 % der Aufgaben geschlossenen Formats, während es bei den Aufgaben aus dem Durchlauf 2006 72 % sind. Vor allem der Anteil an Aufgaben, die zur Lösung einen Langsatz oder einen Aufsatz benötigen, ist stark gefallen (von 19 % auf 10 %).

Aus diesen Erkenntnissen lässt sich schließen, dass die PISA-Aufgaben aus 2006 ein wenig einseitiger in den geforderten Kompetenzen sind, der Anteil an Fachwissen-Aufgaben gestiegen ist und sie kürzer und verständlicher im Kontextmaterial sind. Des Weiteren sind sie wegen des gestiegenen Anteils an geschlossenen Aufgabenformaten leichter zu korrigieren. Sie entsprechen also ein wenig mehr dem Profil von klassischen Physikaufgaben als die PISA-Aufgaben aus 2000/2003. Dies könnte eventuell dazu beitragen, dass deutsche Schülerinnen und Schüler bei PISA 2006 besser abschneiden als bei den Vorgängerdurchläufen.

Über die Jahrgänge identisch geblieben ist also die grobe Konzeption der Aufgaben als organisierte Serie mit unterstützendem Kontextmaterial, die feinere Gestaltung jedoch veränderte sich durchaus beträchtlich. Der Versuch, diese Ergebnisse mit Vorgaben des PISA-Konsortiums zur Aufgabenerstellung zu vergleichen, schlägt leider fehl. Die veröffentlichten Vorgaben sind zu undifferenziert und vage, um einen solchen Vergleich vorzunehmen.

Die Analyse der Struktur der PISA-ähnlichen Aufgaben aus Einhaus u. a. (2002) zeigt, dass diese im Grunde den Aufgaben aus PISA 2000/2003 ähneln. Sie unterscheiden sich jedoch in nahezu allen Kriterien stärker von den Aufgaben aus PISA 2006 als sich die Aufgaben aus PISA 2000/2003 von diesen unterscheiden.

Der häufigste Bezug der Aufgaben aus PISA 2006 ist der zur Natur, beinah gleich auf liegen Bezüge zu Mensch und Alltag. Dies könnte im Falle der Bezüge zu Natur und Mensch daran liegen, dass die

Aufgaben aus PISA 2006 in ihrem Kontext eher an der Biologie orientiert sind.

Es zeigte sich außerdem, dass bei den PISA-ähnlichen Aufgaben wie bei PISA 2006 Alltagsvorstellungen im geringen Maße mit einbezogen wurden. Des weiteren wurde bei ihnen noch weniger auf Textverständlichkeit geachtet als bei den Aufgaben aus PISA 2000/2003 - und somit sind die Texte schlechter verständlich als die der Aufgaben aus PISA 2006. Parallel dazu ist der Umfang des Kontextmaterials bei den PISA-ähnlichen Aufgaben etwa dreimal so hoch wie bei den Aufgaben aus PISA 2006.

Eine Besonderheit der PISA-ähnlichen Aufgaben ist, dass sich 42 % der Aufgaben nicht der Prozess-Ausprägung-Matrix des Bremen-Oldenburger Kompetenzmodells zuordnen lassen. Bei diesen Aufgaben ist ausschließlich Textverständnis von kontinuierlichen oder diskontinuierlichen Texten vonnöten, um die Lösung zu finden. Bei PISA 2006 trifft dies für keine Aufgabe zu, bei PISA 2000/2003 für lediglich 6 % . Bei den PISA-Aufgaben selbst wird also eine striktere Trennung von Aufgaben zur Scientific Literacy und zur Reading Literacy durchgehalten als bei den PISA-ähnlichen Aufgaben. Im BOlKo zeigt sich außerdem, dass der Akzent der PISA-ähnlichen Aufgaben nicht so deutlich auf dem Prozess „Fachwissen nutzen" liegt wie bei den PISA-Aufgaben selbst. Dies gilt insbesondere für den Vergleich mit PISA 2006. In der Reihenfolge des Anteils an den Aufgaben sind alle Prozesse des BOlKo wie folgt beteiligt: „Fachwissen nutzen", „Erkenntnisse gewinnen", „Bewerten" und „Kommunizieren".

Bei den PISA-ähnlichen Aufgaben werden im nahezu gleichen Maße Aufgaben mit offenem und geschlossenem Format verwendet. Es kann insbesondere ein hoher Anteil an offenen Aufgaben, deren Lösung Langsätze oder Aufsätze benötigen, konstatiert werden (30 %).

Aus dem Vergleich mit PISA 2006 lässt sich ausmachen, in welcher Form PISA-ähnliche Aufgaben weiterentwickelt werden sollten, um weiter PISA-ähnlich zu bleiben. Die genannten Charakteristika (siehe Kapitel 4.2.3, S. 85) sollten dazu in Form einer Aufgabenserie umgesetzt werden, die in ein Kontextmaterial aus kontinuierlichem und/oder diskontinuierlichem Text eingebettet ist.

Ein weiterer zentraler Aspekt, der auf Basis des hier erhobenen Datenmaterials untersucht werden könnte, ist der Zusammenhang der Aufgaben einer Serie. Hier wurden die Aufgaben noch recht oberflächlich als - bis auf das Kontextmaterial - autark angenähert. Mithilfe des Bremen-Oldenburger Kompetenzmodells kann jedoch untersucht werden, inwieweit sich die Aufgaben einer Serie auf unterschiedliche Prozesse oder Ausprägungen beziehen. Daraus könnte Erkenntnis darüber gewonnen werden, ob die Aufgaben sinnvoll in die Tiefe führen (ein erster Eindruck wird durch Kap 5.8, S. 117 möglich).

Ertragreich könnte auch die Bewertung der PISA-ähnlichen Aufgaben hinsichtlich der Förderung der Aufgabenkultur sein. Mithilfe des hier verwendeten Modells zur Strukturbeschreibung von Aufgaben könnten Lernaufgaben ebenso wie klassische Physikaufgaben (z.B. TIMSS) untersucht werden und Gemeinsamkeiten sowie Unterschiede im Profil beim Vergleich mit den PISA-Aufgaben beschrieben werden. Daraus könnte eine Bewertung darüber gewonnen werden, ob diese Art von Aufgaben zum Lernen geeignet ist und somit sinnvoll in den Regelunterricht integriert werden kann. Des Weiteren ist eine Aufgabenkulturbewertung in dem hier verwendeten Strukturmodell bereits angelegt, ob diese sinnvoll ist, könnte im Zuge dessen ebenso Fragestellung sein. Eine empirische Untersuchung wert ist auf jeden Fall auch die Frage, ob PISA-Aufgaben lernwirksam sein können. Grundlagen für Untersuchungen sind in dieser Arbeit gelegt worden, sie könnten verbunden werden mit dem strukturellen Vergleich von PISA-Aufgaben und Lernaufgaben.

Sobald die in Aussicht gestellten Ergebnisse von PISA 2006 in Bezug auf Kompetenzstufen veröffentlicht sind, können diesbezüglich weitere Untersuchung der Aufgaben vorgenommen werden. Hier scheint es besonders vielversprechend zu sein, das Bremen-Oldenburger Kompetenzmodell vergleichend hinzu zu ziehen und die Ergebnisse beider Ansätze gegenüber zu stellen.

Anhang

5.1 Weitere Entwicklung von PISA-ähnlichen Aufgaben zur Präzisierung der Weiterentwicklungstendenzen

5.1.1 Neufassung: „Windenergie und Umwelt"

Windenergie ist eine weit verbreitete Grundlage der Stromproduktion. Zur Stromproduktion nötig sind die großen „Windmühlen", wie sie schon an vielen Orten zu finden sind.

Die Stromproduktion der Windkraftanlagen (WKAs) ist sehr umweltfreundlich. Bei der Stromproduktion wird keinerlei CO_2 freigesetzt. Die „Windmühlen" entlasten also die Umwelt.

Leider sind die „Windmühlen" sehr groß und kaum zu übersehen. Die Anwohner beschweren sich außerdem oft über den Lärm der „Windmühlen". Ihnen macht darüber hinaus die an den Rotorblättern reflektiert Sonne zu schaffen.

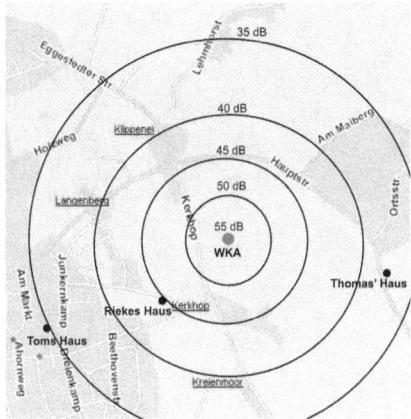

1. Windkraftanlagen können die Umwelt entlasten, weil sie keinerlei CO_2 produzieren. Wie kann das sein?

    ⊗ Durch die Windkraftanlagen müssen andere Kraftwerke weniger Brennstoffe verbrennen.

    ○ Durch die Windkraftanlagen wird die Luft ähnlich wie bei einem Ventilator besser verteilt.

    ○ In der Atmosphäre darf keinerlei CO_2 vorhanden sein.

    ○ Durch den Strom der Windkraftanlagen können teure Atmosphärenbereinigungsmaschinen betrieben werden.

2. Ein Gesetz schreibt vor, dass Windkraftanlagen tagsüber nicht lauter als 50 dB zu hören sein dürfen und nachtsüber nicht lauter als 35 dB. Kreuze an, welche Antworten für die Windkraftanlage auf dem Bild richtig und welche falsch sind!

	richtig	falsch
Nachts muss die WKA abgeschaltet werde, weil sie sonst den gesetzlichen Grenzwert an Riekes Haus übersteigt.	⊗	○
Tagsüber muss die WKA abgeschaltet werde, weil sie sonst den gesetzlichen Grenzwert an Riekes Haus übersteigt.	○	⊗
An Toms Haus wird der gesetzliche Grenzwert weder tags- noch nachtsüber überschritten.	⊗	○
An Thomas' Haus wird der gesetzliche Grenzwert weder tags- noch nachtsüber überschritten.	○	⊗

3. In der Gemeindeversammlung beschwert sich Rieke, dass die Erbauung der Windkraftanlage an dieser Stelle reine Geldverschwendung gewesen sei. Rieke meint, man hätte sie woanders errichten sollen. Was meinst Du?

    Lösung: Rieke hat Recht. Die WKA muss nachtsüber abgestellt werden, um die gesetzlichen Normen einzuhalten. Demzufolge ist die Nutzungszeit stark eingeschränkt und die WKA kann bei weitem nicht die Energie bereitstellen, die sie bereitstellen könnte, wenn sie an einer anderen Stelle stünde. Die WKA ist an dieser Stelle also nicht wirtschaftlich.

5.1.2 Nachtblindheit

Das Auge des Menschen ist so aufgebaut, dass es bei Dämmerung und bei starkem Licht funktioniert. Bei Licht verengt sich die Blende des Auges, die Iris. Bei Dämmerung erweitert sich die Iris.

Im Auge sind auf der Netzhaut außerdem unterschiedliche „Sensoren" angebracht, nämlich Stäbchen und Zapfen. Zapfen erzeugen farbige Bilder. Stäbchen sind lichtempfindlicher als Zapfen, können aber nur schwarz-weiße Bilder erzeugen. Weil die Stäbchen lichtempfindlicher sind, können sie auch noch in der Dämmerung bei wenig Licht benutzt werden. Deshalb sehen wir in der Dämmerung nur noch schwarz-weiß.

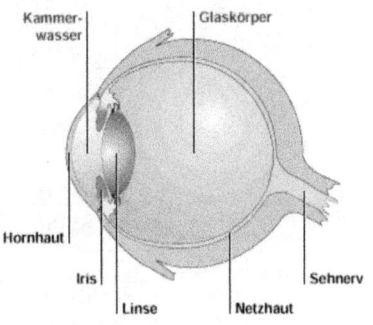

Quelle: http://www.initiative-auge.de/Gl_DasAuge.htm

Von „Nachtblindheit" spricht man, wenn das Sehen in der Dämmerung nicht mehr gut funktioniert. Das kann einerseits an den Stäbchen liegen. Andererseits kann es auch sein, dass die Blende, die Iris, nicht mehr richtig arbeitet.

1. Die Iris des Auges verengt sich bei starkem Lichteinfall. Welcher Aussage stimmst Du zu?

	richtig	falsch
Dadurch, dass die Iris sich verengt, kann man nur noch einen kleineren Bildausschnitt sehe.	○	⊗
Dadurch, dass die Iris sich verengt, erreicht weniger Licht die Netzhaut.	⊗	○
Dadurch, dass die Iris sich verengt, werden die empfindlichen Stäbchen geschützt.	⊗	○
Dadurch, dass das Auge sich verengt, können nur noch die Stäbchen ein Bild erzeugen.	○	⊗

2. Bei einem Patienten hat der Augenarzt Nachtblindheit festgestellt. Er vermutet, dass die Iris nicht mehr richtig arbeitet. Welches Verhalten der Iris kann Nachtblindheit hervorrufen?
   - ⊗ Die Iris ist nicht mehr schnell genug darin, sich zu erweitern und zusammenzuziehen.
   - ○ Die Iris verschließt wegen eines Krampfes das Auge komplett.
   - ○ Die Iris zieht sich wegen einer Muskelschwäche nicht mehr zusammen.
   - ○ Die Iris spricht nur noch die Zapfen an, weil die Stäbchen schwarz-weiß wahrnehmen.

3. Welche der Ursachen von Nachtblindheit lässt sich naturwissenschaftlich überprüfen?

	Ja	Nein
Nachtblindheit wird durch Vitamin-A-Mangel hervorgerufen.	⊗	○
Nachtblinde Mensch sollten kein Fahrzeug führen.	○	⊗
Nachtblinde Menschen reagieren im Straßenverkehr langsamer als andere.	○	⊗
Nachtblindheit tritt nur als Netzhauterkrankung auf.	⊗	○

5.2 Analyse der Aufgaben in vier gängigen Physiklehrbüchern der Mittelstufe

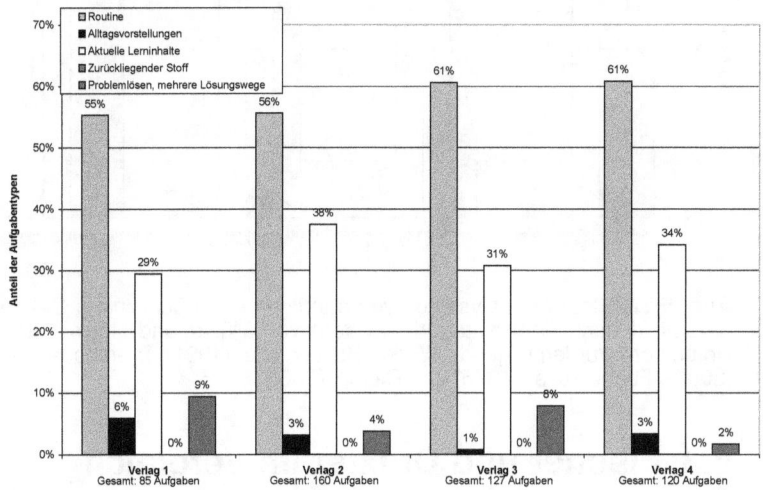

Abb. 5.1: Ergebnisse der Analyse von Mechanikaufgaben in vier gängigen Lehrbüchern der Sekundarstufe I, durchgeführt von Müller und Horn (2001)

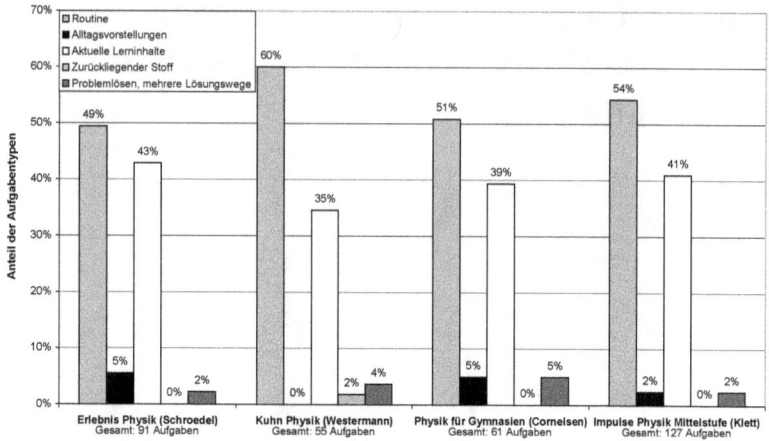

Abb. 5.2: Aufgabenanalyse von vier gängigen Lehrbüchern der Sekundarstufe I nach dem Kategoriensystem von Müller und Horn (2001). Untersucht wurden folgende Werke: Boysen u. a. (1991), Bredthauer u. a. (2002), Fontius u. a. (1975) und Cieplik (2005)

5.3 Fischer und Draxler im Vergleich

In der Tabelle ist jede wort- oder sinngemäße Übereinstimmung mit einem Punkt markiert, der anzeigt, dass dieses Kriterium entweder den Forderungen an Aufgaben der Quelle entspricht (im Falle der neuen Aufgabenkultur) oder auch zur Aufgabenbeschreibung von dieser Quelle herangezogen wird (im Falle des Bremen-Oldenburger Kompetenzmodells BOlKo und PISA). Das Kriterium *Textverständnis* ist zwar den Forderungen der Textverständnisforschung zuzuordnen, aber nicht identisch, da es bei Fischer und Draxler (2002) die Schwierigkeit der konkreten Aufgabe beschreibt und die Textverständnisforschung nur einen Teil der Aufgabe beschreiben kann, nämlich deren textuelle Formulierung.

Fischer / Draxler		Aufgabenkultur	BOl-Ko	Textverständnis	PISA
1 Inhaltliche und curriculare Einordnung	Phys. Teilgebiete				
	Curr. Sachthemen				
	Alltag (= Interesse)	•			
2 Lösungswege	experimentell				
	halb-qualtitativ				
	rechnerisch				
	theoretisch				
3 Antwortformat, Offenheit, Experimentierverhalten	MC-Aufgaben				•
	Kurzantwort				•
	erweitert. Antw.				•
	Offenheitsgrad	•			
	Experimentierverhalten				
4 Kompetenzstufen	Anwenden v. Alltagswissen		•		
	Einfache Erklärung v. Phänomenen		•		
	Anwenden v. Gesetzen		•		

Fischer / Draxler		Aufgabenkultur	BOl-Ko	Textverständnis	PISA
5 Anforderungsmerkmale	Anwenden v. Konzepten, Verfahren, Modellvorst.		•		
	Argumentieren + Problemelösen		•		
	Überw. Fehlvorstellungen				
	Kenntn. Definitionen + Begriffen		•		
	Qual. Begriff		•		
	Rechnen		•		
	Diagramminterpretation				
	Textverständnis				•
	Vis. Vorstellungsverm.				
	Problemlösen		•		
	Verst. formaler Gesetze		•		
	Verst. f. funktionale Zusammenhänge				
	Verst. f. Alltagssituationen		•		
	Verst. f. experimentelle Sit.		•		
	Verst. für symbol. Zeichnungen		•		
	Überw. v. Fehlvorstellungen				
	Naturw. Arbeitsweisen		•		
	Ältere Unterrichtsinhalte	•			

Fischer / Draxler		Auf-gaben-kultur	BOl-Ko	Text-ver-ständ-nis	PISA
6 Unter-richts-phasen	Kooperation	•			
	Erarbeitungs-phase	•			
	Übungsphase	•			
	Leistungs-messungsphase	•			

5.4 Zuordnungsschema: Bremen-Oldenburger Kompetenzmodell

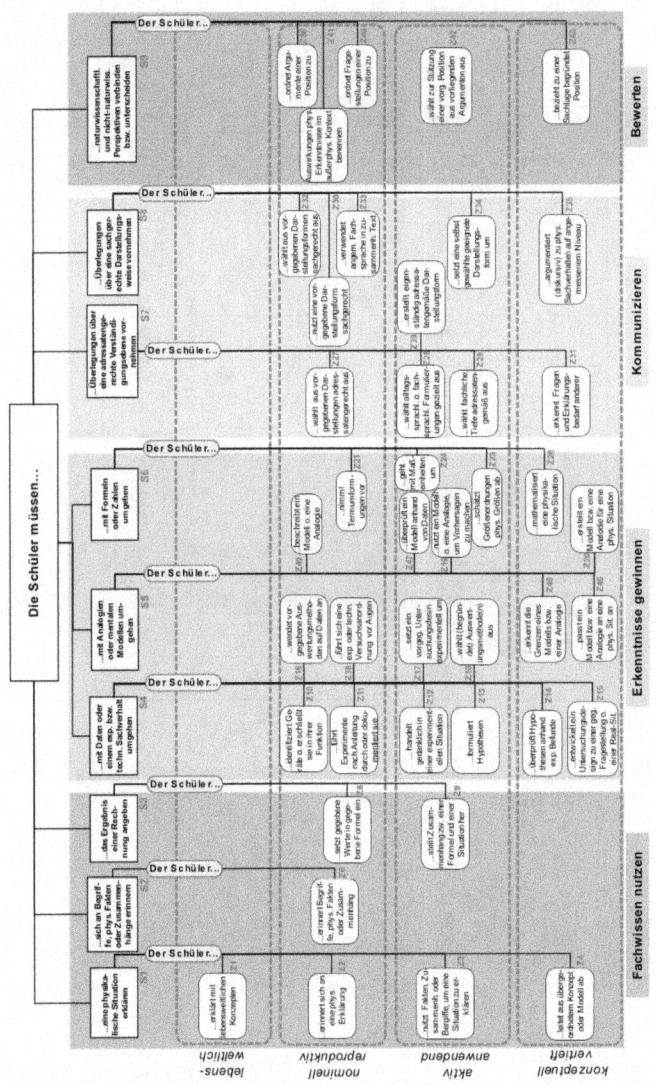

5.5 Datenblatt des Strukturmodells

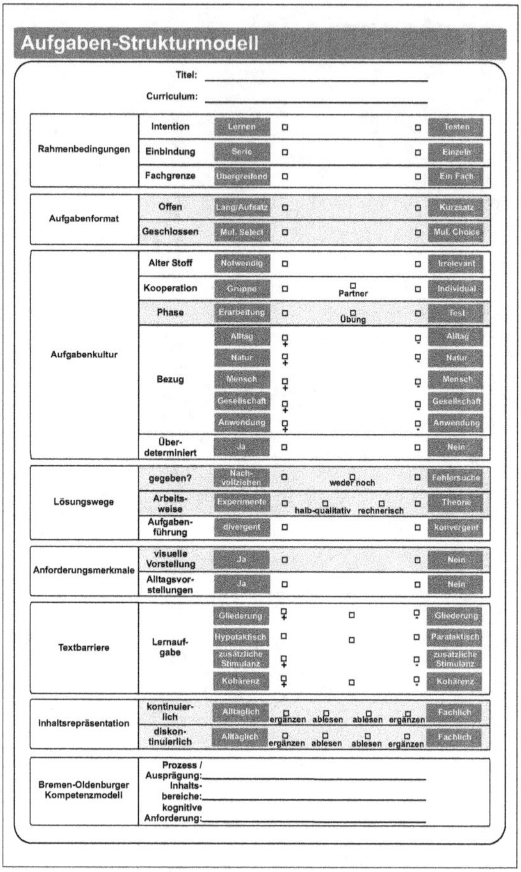

Abb. 5.3: Abbild des resultierendes Datenblatt des Strukturmodells zur Aufgabenbeschreibung

5.6 Indikatoren für die Einstufung in das Strukturmodell

Kategorie	Kriterium	Unterpunkt 1	Unterpunkt 2
Aufgabenkultur	Alter Stoff / Notwendig	Ja (1) • Curriculum: Stoff aus zurückliegender Einheit vorhanden? • Klassenbuch: Stoff aus zurückliegendem Unterricht vorhanden?	Nein (0) • Kein Stoff aus zurückliegender Einheit / Unterricht
Aufgabenkultur	Bezug / Alltag	Ja (1) • Thema aus Lebens- / Alltagswelt	Nein (0) • Kein Thema aus Lebens- /Alltagswelt
Aufgabenkultur	Bezug / Natur	Ja (1) • Thema aus Natur und Umwelt	Nein (0) • Kein Thema aus Natur und Umwelt
Aufgabenkultur	Bezug / Mensch	Ja (1) • Thema mit Bezug zum menschlichen Körper	Nein (0) • Kein Thema mit Bezug zum menschlichen Körper

108 INDIKATOREN FÜR DIE EINSTUFUNG IN DAS STRUKTURMODELL

Kategorie	Kriterium	Unterpunkt 1	Unterpunkt 2
Aufgabenkultur	Bezug / Gesellschaft	Ja (1) • Aufgabe behandelt Auswirkungen naturw. Erkenntnis auf Gesellschaft	Nein (0) • Aufgabe behandelt nicht Auswirkungen naturw. Erkenntnis auf Gesellschaft
Aufgabenkultur	Bezug / Anwendung	Ja (0) • Aufgabe behandelt direkt die praktische Anwendung von Naturwissenschaft, bspw. in der Technik	Nein (0) • Aufgabe behandelt nicht direkt die praktische Anwendung von Naturwissenschaft, bspw. in der Technik
Aufgabenkultur	Überdeterminiert?	Ja (1) • Bei Rechenaufgaben: mehr Information vorhanden als benötigt	Nein (0) • Bei Rechenaufgaben: nicht mehr Information vorhanden als benötigt - oder keine Rechenaufgabe
Lösungswege	Aufgabenführung	konvergent (0) • eine Lösung • ein Lösungsweg	divergent (0) • mehrere Lösungen • mehrere Lösungswege

Indikatoren für die Einstufung in das Strukturmodell

Kategorie	Kriterium	Unterpunkt 1	Unterpunkt 2
Anforderungsmerkmale	vis. Vorstellung	Ja (1) • Aufgabe benötigt die Vorstellung eines dreidimensionalen Körpers	Nein (0) • Aufgabe benötigt nicht die Vorstellung eines dreidimensionalen Körpers
Anforderungsmerkmale	Alltagsvorstellungen	Ja (1) • Teil der Lösung ist Konflikt Alltagsvorstellung - Fachvorstellung	Nein (0) • Teil der Lösung ist nicht Konflikt Alltagsvorstellung - Fachvorstellung
Textbarriere	Satzbau	Parataktisch (1) • Im Durchschnitt mehr als ein Nebensatz / Satz	Hypotaktisch (0) • Im Durchschnitt weniger als ein Nebensatz / Satz
Textbarriere	zus. Stimulanz	vorhanden (1) vorhanden: • ... Illustration • ... wörtliche Rede • ... Zitat	nicht vorhanden (0) nicht vorhanden: • ... Illustration • ... wörtliche Rede • ... Zitat

Kategorie	Kriterium	Unterpkt. 1	Unterpkt. 2	Unterpkt. 3
Textbarriere	Gliederung	Gut (1) • Mehrere Absätze (Optik) • Absätze thematisch getrennt	Mittel (0,5) • mind. 1 Absatz thematisch zentriert • mind. 2 Absätze	Schlecht (0) • keine Absätze (Optik) • Absätze nicht thematisch fest
Textbarriere	Kohärenz	Gut (1) • Thema / Rhema - Ordnung der Sätze • wörtl. Aufgreifen v. Substantiven d. vorherigen Satzes	Mittel (0,5) • überwiegend Thema / Rhema - Ordnung der Sätze • umschreibendes Aufgreifen v. Substantiven d. vorherigen Satzes	Schlecht (0) • keine Thema / Rhema - Ordnung • kein Aufgreifen v. Substantiven d. vorherigen Satzes

INDIKATOREN FÜR DIE EINSTUFUNG IN DAS STRUKTURMODELL

Kategorie	Kriterium	Unterp. 1	Unterp. 2	Unterp. 3	Unterp. 4
Inhaltsrepräsentation	diskontinuierlich	fachlich ergänzen (0) Liste / Tabelle / Diagramm; nicht alltäglich; nur Teil d. Information gegeben	fachlich ablesen (0,25) Liste / Tabelle / Diagramm; nicht alltäglich; Information komplett gegeben	alltäglich ablesen (0,75) Liste / Tabelle / Diagramm; alltäglich (z.B. Tortendiagramm); Information komplett gegeben	alltäglich ergänzen (1) Liste / Tabelle / Diagramm; alltäglich (z.B. Tortendiagramm); nur Teil d. Information gegeben
Inhaltsrepräsentation	kontinuierlich	fachlich ergänzen (0) Fließtext; nicht alltäglich; nur Teil d. Information gegeben	fachlich ablesen (0,25) Fließtext; nicht alltäglich; Information komplett gegeben	alltäglich ablesen (0,75) Fließtext; alltäglich (z.B. Tortendiagramm); Information komplett gegeben	alltäglich ergänzen (1) Fließtext; alltäglich (z.B. Tortendiagramm); nur Teil d. Information gegeben

5.7 Ergänzung der Musteraufgaben

5.7.1 Musteraufgabe aus PISA 2006

Question 6.2 (Entnommen aus Cresswell und Vaysettes (2006), S. 143)

Tobacco smoking increases the risk of getting lung cancer and some other diseases.

Is the risk of getting the following diseases increased by tobacco smoking?

Circle "Yes" or "No" in each case.

Is the risk of contracting this disease increased by smoking?	Yes or No?
Bronchitis	Yes / No
HIV/AIDS	Yes / No
Chicken pox	Yes / No

Question 6.3 (Entnommen aus Cresswell und Vaysettes (2006), S. 144)

Some people use nicotine patches to help them to give up smoking. The patches are put on skin and release nicotine into the blood. This helps to relieve cravings and withdrawal symptoms when people have stopped smoking.

To study the effectiveness of nicotine patches, a group of 100 smokers who want to give up smoking is chosen randomly. The group is to be studied for six months. The effectiveness of the nicotine patches is to be measured by finding out how many people in the group have not resumed smoking by the end of the study.

Which one of the following is the best experimental design?

    A. All the people in the group wear the patches.

    B. All wear patches except one person who tries to give up smoking without them.

    C. People choose whether or not they will use patches to help give up smoking.

    D. Half are randomly chosen to use patches and the other half do not use them.

Question 6.4 (Entnommen aus Cresswell und Vaysettes (2006), S. 145)

Various methods are used to influence people to stop smoking.

Are the following ways of dealing with the problem based on technology?

Circle "Yes" or "No" in each case.

Is this method of reducing smoking based on technology?	Yes or No?
Increase the cost of cigarettes.	Yes / No
Produce nicotine patches to help make people give up cigarettes.	Yes / No
Ban smoking in public areas.	Yes / No

ERGÄNZUNG DER MUSTERAUFGABEN

5.7.2 Musteraufgabe der PISA-ähnlichen Aufgaben

(a) Um die Lautstärke besser einschätzen zu können, kann man sich Vergleichswerte ansehen. In der folgenden Tabelle ist die Lautstärke bzw. der Lärmpegel einiger alltäglicher Dinge in unmittelbarer Nähe eingetragen.

Atmen	10 dB
Flüstern	30 dB
Summen	35 dB
leise Musik	40 dB
Wohnungsgeräusche	45 dB
Normales Gespräch	55 dB
Düsenjäger	130 dB

Welche dieser Aussagen ist richtig, welche falsch?

	richtig	falsch
An Toms Haus ist die WKA nicht lauter als ein Summen zu hören.	○	○
An Thomas' Haus ist die WKA beinah so laut wie ein Düsenjäger.	○	○
Wenn Rieke sich normal unterhält, ist das lauter als die WKA.	○	○
Tom kann nicht leise Musik hören, weil die WKA lauter ist.	○	○

(b) Ein Gesetz schreibt vor, dass WKAs tagsüber nicht lauter als 50 dB zu hören sein dürfen und nachtsüber nicht lauter als 35 dB. Kreuze an, welche Antworten richtig sind!

○ Nachts muss die WKA abgeschaltet werde, weil sie sonst den gesetzlichen Grenzwert an Riekes Haus überstiegt.
○ Tagsüber muss die WKA abgeschaltet werde, weil sie sonst den gesetzlichen Grenzwert an Riekes Haus überstiegt.
○ An Toms Haus wird der gesetzliche Grenzwert weder tags- noch nachtsüber überschritten.
○ An Thomas' Haus wird der gesetzliche Grenzwert weder tags- noch nachtsüber überschritten.

(c) In der Gemeindeversammlung beschwert sich Rieke, dass die Erbauung der WKA an dieser Stelle reine Geldverschwendung gewesen sei. Sie meint, man hätte sie woanders errichten sollen. Wie beurteilst du die Sachlage?

Aufgabe 4.2

(a) Die Graphik zeigt, wie laut es in welcher Entfernung von der Windkraftanlage (WKA) ist. Die Lautstärke wird in Dezibel angegeben (dB). Ein Kreis zeigt an, an welchen Punkten dieselbe Lautstärke vorliegt. Wieviele Dezibel beträgt die Lautstärke bei Toms Haus?

○ Ca. 35 dB.
○ Ca. 40 dB.
○ Ca. 30 dB.
○ Ca. 55 dB.

(b) Welche dieser Aussagen ist richtig, welche falsch?

	richtig	falsch
An Toms Haus ist es lauter als an Riekes Haus.	○	○
An Thomas' Haus ist es lauter als an Riekes Haus und Toms Haus.	○	○
Die Abstände der Kreise gleicher Lautstärke sind nicht gleich.	○	○
An Thomas' Haus ist die Lautstärke 0, weil es zwischen zwei Kreisen liegt.	○	○

Aufgabe 4.3

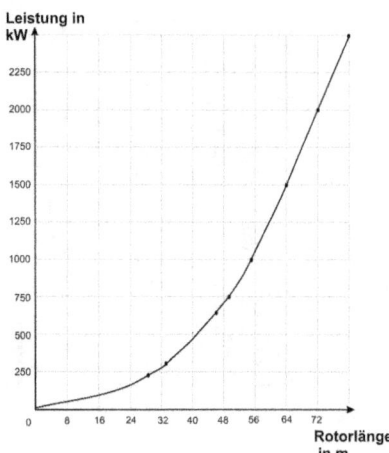

(a) Je länger ein Flügel des Rotors ist, desto mehr Leistung kann er dem Stromnetz zur Verfügung stellen. Wieviel Leistung ist dies bei einem Rotor der Länge 33 m?

○ Ca. 500 kW.
○ Ca. 600 kW.
○ Ca. 225 kW.
○ Ca. 300 kW.

(b) Welche Rotorlänge hat eine WKA, die eine Leistung von 1500 kW erbringt?

○ 64 m
○ 74 m
○ 84 m

(c) Ein durchschnittliches Kohlekraftwerk erbringt eine Leistung von 1.000.000 kW. Wieviele Windkrfatwerke der Rotorlänge von 80 m würden benötigt werden, um dieses Kohlekraftwerk zu ersetzen?

○ 4
○ 40
○ 400
○ 4000
○ 40.000

5.8 Aufgaben aus Cresswell und Vaysettes (2006) in der Prozess-Ausprägung-Matrix des BOIKo

In diesen Abbildungen ist die Größe der Blasen proportional zur Abfolge des Items in der Abfolge der Unit im Anhang aus Cresswell und Vaysettes (2006). Item 1 wird also durch die kleinste Blase repräsentiert, usw. Die Nummer der Items ist in der Abbildung darüber hinaus noch neben der Blase angeführt. Stehen zwei Zahlen nebeneinander, so sprechen zwei Items dieselbe Zelle der Matrix an und die Blasen überdecken einander. Aus diesen Abbildungen kann ein erster Eindruck darüber abgeleitet werden, ob die Items einer Unit sinnvoll in die Tiefe führen. Es ist zu sehen, dass es im wesentlichen zwei Arten von Units gibt: welche, die über die Items die Ausprägungsstufe verändern und welche, die über die Items die Prozesse variieren.

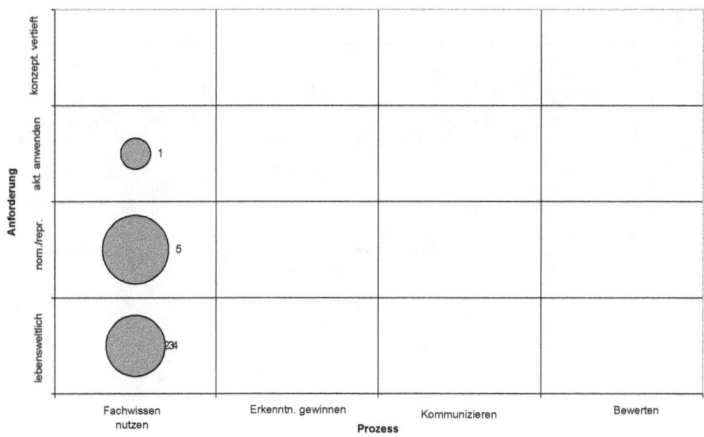

Unit 1

AUFGABEN AUS CRESSWELL UND VAYSETTES (2006) IN DER
PROZESS-AUSPRÄGUNG-MATRIX DES BOLKO

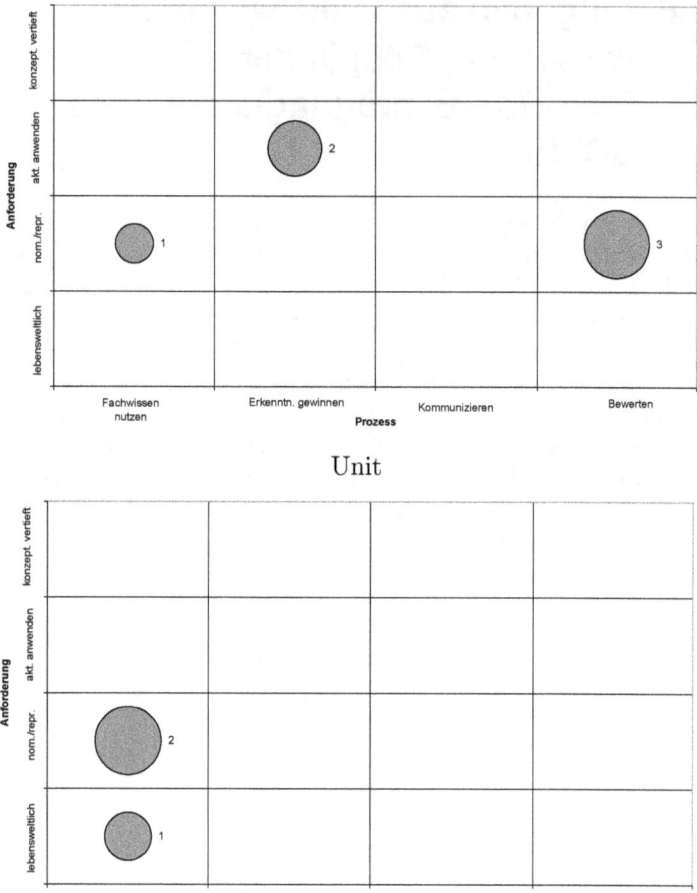

Unit

Unit 3

AUFGABEN AUS CRESSWELL UND VAYSETTES (2006) IN DER PROZESS-AUSPRÄGUNG-MATRIX DES BOLKO

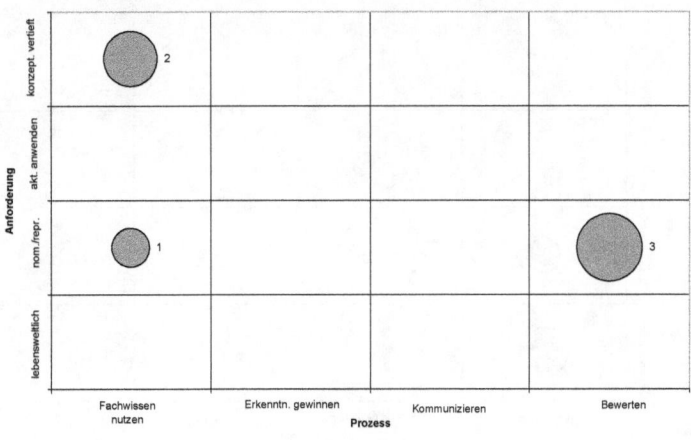

Unit 4

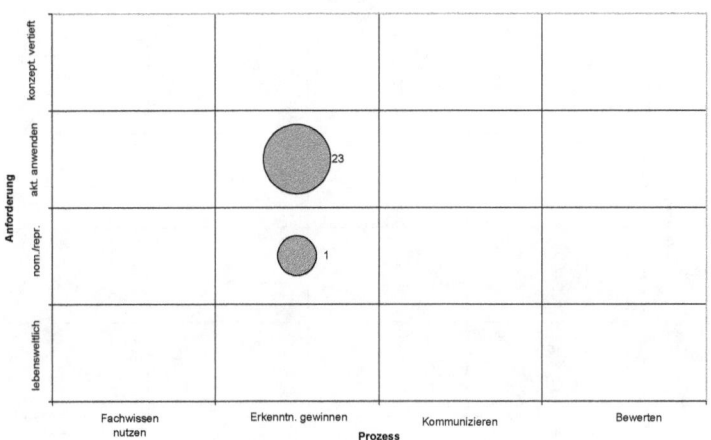

Unit 5

Aufgaben aus Cresswell und Vaysettes (2006) in der Prozess-Ausprägung-Matrix des BOLKo

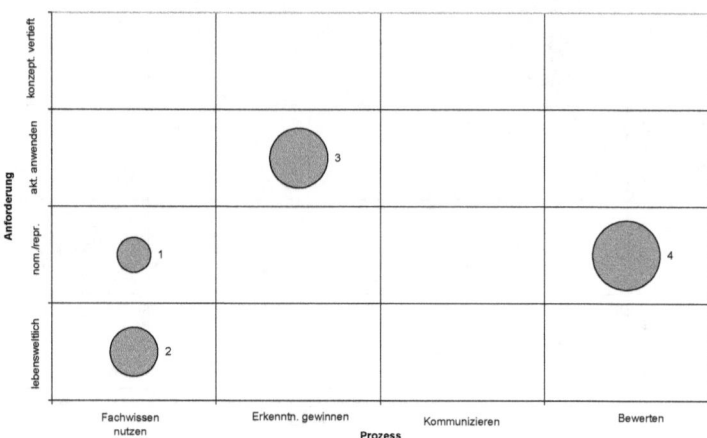

Unit 6

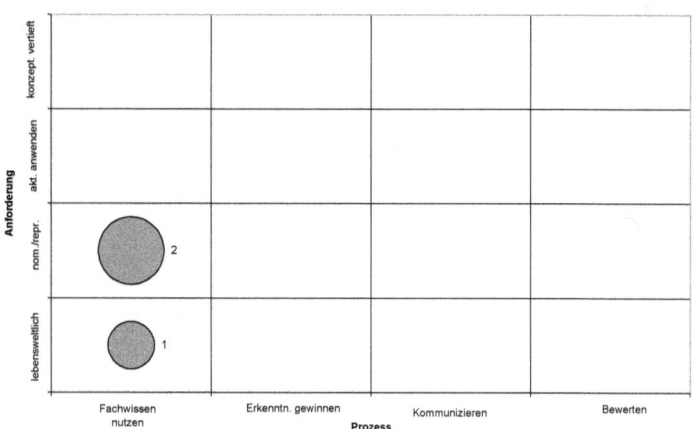

Unit 7

AUFGABEN AUS CRESSWELL UND VAYSETTES (2006) IN DER PROZESS-AUSPRÄGUNG-MATRIX DES BOLKO

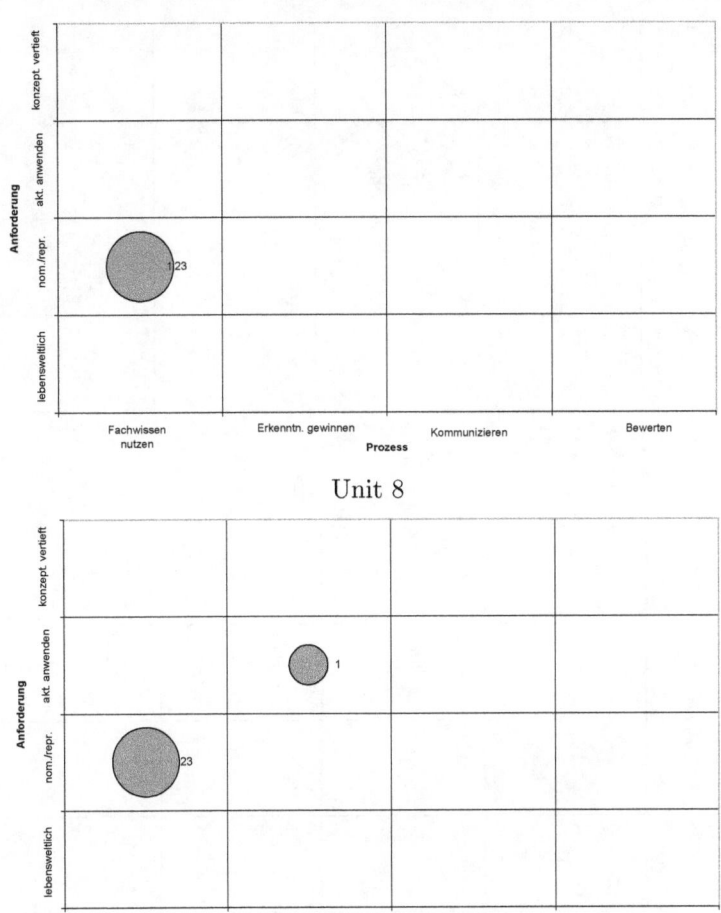

Unit 8

Unit 9

AUFGABEN AUS CRESSWELL UND VAYSETTES (2006) IN DER PROZESS-AUSPRÄGUNG-MATRIX DES BOLKO

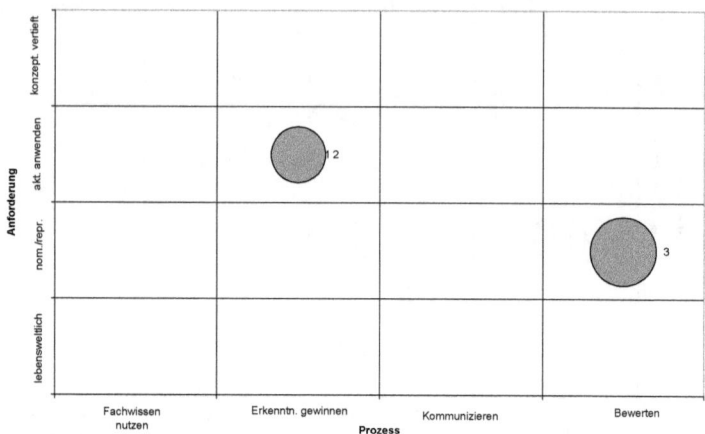

Unit 10

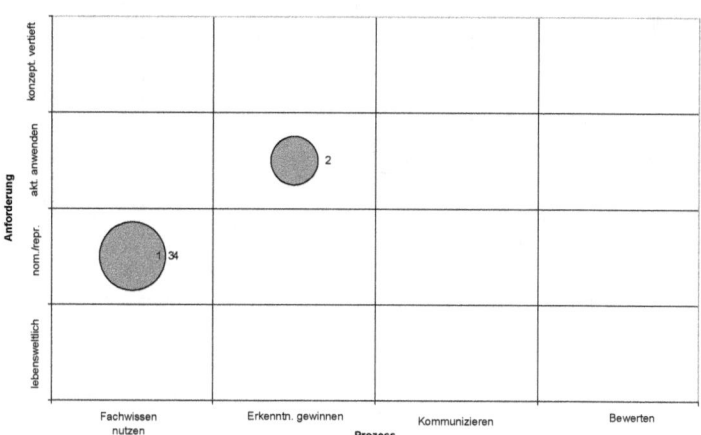

Unit 11

AUFGABEN AUS CRESSWELL UND VAYSETTES (2006) IN DER PROZESS-AUSPRÄGUNG-MATRIX DES BOLKO

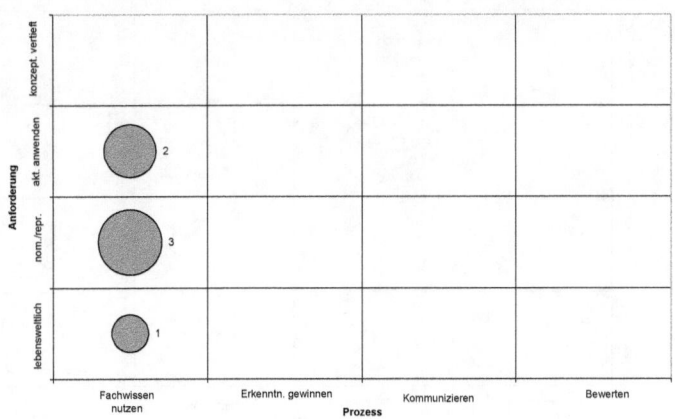

Unit 12

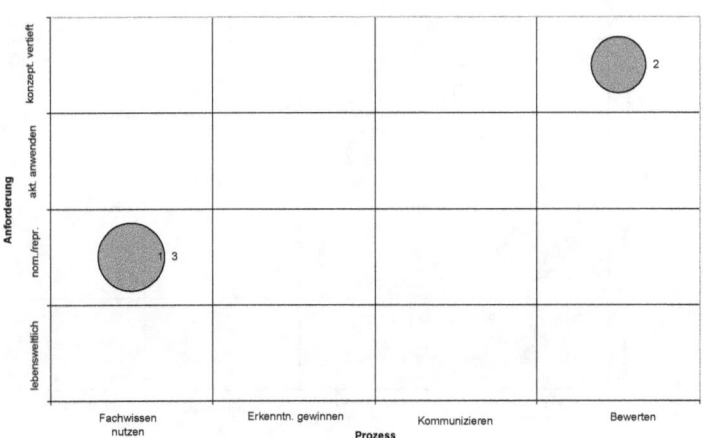

Unit 13

124 AUFGABEN AUS CRESSWELL UND VAYSETTES (2006) IN DER
PROZESS-AUSPRÄGUNG-MATRIX DES BOLKO

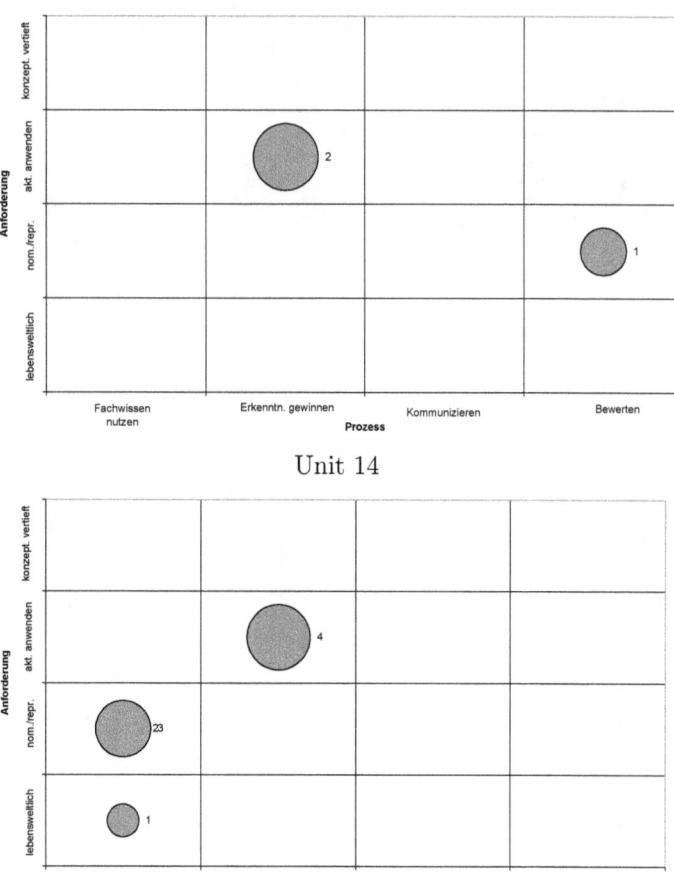

Unit 14

Unit 15

AUFGABEN AUS CRESSWELL UND VAYSETTES (2006) IN DER PROZESS-AUSPRÄGUNG-MATRIX DES BOLKO

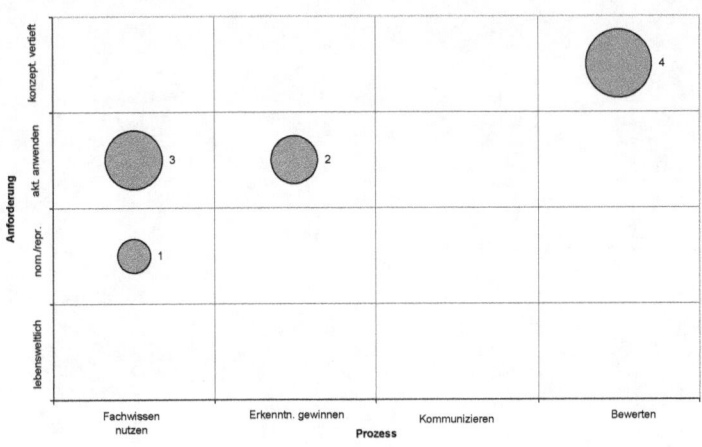

Unit 16

Abbildungsverzeichnis

2.1 Die in den Bildungsstandards postulierten Kompetenz- und Anforderungsbereiche mit Hervorhebung der Basiskonzepte als dritter Dimensionen (Nach: Schecker 2007, S. 6) 15

3.1 Die Kategorie *Rahmenbedingungen* des verwendeten Modells zur Beschreibung von Aufgaben 33
3.2 Die Kategorie *Aufgabenformate* des verwendeten Modells zur Beschreibung von Aufgaben 34
3.3 Die Kategorie *Aufgabenkultur* des verwendeten Modells zur Beschreibung von Aufgaben 36
3.4 Die Kategorie *Lösungswege* des verwendeten Modells zur Beschreibung von Aufgaben 38
3.5 Die Kategorie *Anforderungsmerkmale* des verwendeten Modells zur Beschreibung von Aufgaben . . 39
3.6 Die Kategorie *Textbarriere* des verwendeten Modells zur Beschreibung von Aufgaben 41
3.7 Die Kategorie *Bremen-Oldenburger Kompetenzmodell* des verwendeten Modells zur Beschreibung von Aufgaben 42
3.8 Die Kategorie inhaltliche Repräsentation des verwendeten Modells zur Beschreibung von Aufgaben 44

4.1 Darstellung der PISA-Vorgaben an die Testaufgaben im Strukturmodell 52
4.2 Darstellung der Strukturmerkmale von Aufgaben 1 der PISA-2006-Unit „Tobacco Smoking" 56
4.3 Darstellung der Strukturmerkmale der Aufgaben von PISA 2006. Die Fehlerbalken entsprechen einer halben Standardabweichung in beide Richtungen. . 58

4.4	Darstellung der Strukturmerkmale der Aufgaben von PISA 2000 und PISA 2003. Die Fehlerbalken entsprechen einer halben Standardabweichung in beide Richtungen.	63
4.5	Darstellung der Strukturmerkmale der PISA-ähnlichen Aufgabe „Windenergie und Umwelt" aus Einhaus u. a. (2002)	74
4.6	Darstellung der Strukturmerkmale der PISA-ähnlichen Aufgaben aus Einhaus u. a. (2002). Die Fehlerbalken entsprechen einer halben Standardabweichung in beide Richtungen.	78
4.7	Übersicht über die Vergleichskategorien der Aufgaben. Die Länge des Kontextes wurde auf die Länge des Kontextes der PISA-ähnlichen Aufgaben normiert, sodass dieser per definitionem dem Wert 1 entspricht. Ansonsten sind die bisher verwendeten Skalen von 0 bis 1 weiter verwendet worden oder die prozentualen Anteile auf 1 normiert dargestellt.	82
4.8	Anforderungen an PISA-ähnliche Aufgaben für den Unterrichtseinsatz	87
5.1	Ergebnisse der Analyse von Mechanikaufgaben in vier gängigen Lehrbüchern der Sekundarstufe I, durchgeführt von Müller und Horn (2001)	99
5.2	Aufgabenanalyse von vier gängigen Lehrbüchern der Sekundarstufe I nach dem Kategoriensystem von Müller und Horn (2001). Untersucht wurden folgende Werke: Boysen u. a. (1991), Bredthauer u. a. (2002), Fontius u. a. (1975) und Cieplik (2005)	100
5.3	Abbild des resultierendes Datenblatt des Strukturmodells zur Aufgabenbeschreibung	106

Tabellenverzeichnis

2.4 Matrix zur Charakterisierung von Aufgaben in den Dimensionen „Prozess" und „Ausprägung" des Bremen-Oldenburger Kompetenzmodells (Entnommen aus: Theyßen u. a. 2007, S. 2) 18

4.3 Einordnung der Aufgaben aus Cresswell und Vaysettes (2006) in die Kompetenzmatrix des Bremen-Oldenburger Kompetenzmodells. 59

4.4 Darstellung der Übereinstimmung der PISA-Kategorie „Knowledge of Science" bzw. „Knowledge about Science" mit dem Prozess „Fachwissen nutzen" des Bremen-Oldenburger Kompetenzmodells. Die Anteile sind auf die Spalten bezogen. 60

4.5 Unterscheidung der Aufgaben aus Cresswell und Vaysettes (2006) nach ihrem Typ 60

4.6 Unterscheidung der Aufgaben aus Cresswell und Vaysettes (2006) nach den einzelnen Bereichen der Inhaltsrepräsentation 61

4.7 Vergleich der PISA-Durchgänge 2000 und 2003 einerseits und 2006 andererseits nach der durchschnittlichen Anzahl der Worte pro Kontext 64

4.8 Einordnung der Aufgaben aus PISA-Konsortium Deutschland (2000) und PISA-Konsortium Deutschland (2003) in die Kompetenzmatrix des Bremen-Oldenburger Kompetenzmodells. Eine Aufgabe (6 %) konnte nicht eingeordnet werden, da die geforderte Kompetenz dabei Textverständnis war. . . . 66

4.9 Unterscheidung der Aufgaben von PISA 2000 und PISA 2003 nach ihrem Typ 66

4.10 Unterscheidung der Aufgaben aus PISA 2000 und PISA 2003 nach den einzelnen Bereichen der Inhaltsrepräsentation 67

4.14 Durchschnittliche Worte pro Kontext bei den PISA-ähnlichen Aufgaben aus Einhaus u. a. (2002) 78

4.15 Einordnung der PISA-ähnlichen Aufgaben aus Einhaus u. a. (2002) in die Kompetenzmatrix des Bremen-Oldenburger Kompetenzmodells. 76 Aufgaben (42 %) konnten nicht eingeordnet werden, da die basale Kompetenz dabei Textverständnis war. . 79

4.16 Unterscheidung der PISA-ähnlichen Aufgaben aus Einhaus u. a. (2002) nach ihrem Typ 80

4.17 Unterscheidung der PISA-ähnlichen Aufgaben aus Einhaus u. a. (2002) nach den einzelnen Bereichen der Inhaltsrepräsentation 81

Literaturverzeichnis

Anderson 1996   ANDERSON, John: *Kognitive Psychologie.* 2. Auflage. Heidelberg; Berlin; Oxford : Spektrum, 1996

Aufschnaiter und Aufschnaiter 2001   AUFSCHNAITER, Claudia v. ; AUFSCHNAITER, Stefan v.: Eine neue Aufgabenkultur für den Physikunterricht. In: *Der mathematische und naturwissenschaftliche Unterricht* 7 (2001), Nr. 54, S. 409 – 416

Baumert u. a. 2000   BAUMERT, Jürgen (Hrsg.) ; BOS, Wilfried (Hrsg.) ; LEHMANN, Rainer (Hrsg.): *TIMSS/III. Dritte Internationale Mathematik- und Naturwissenschaftsstudie - Mathematische und naturwissenschaftliche Bildung am Ende der Schullaufbahn. Band 2: Mathematische und physikalische Kompetenzen am Ende der Schullaufbahn.* Opladen : Leske und Budrich, 2000

Boysen u. a. 1991   BOYSEN, Gerd ; GLUNDE, Hansgeorg ; HEISE, Harri ; MUCKENFUSS, Heinz ; SCHEPERS, Harald ; WIESMANN, Hans-Jürgen: *Physik für Gymnasien. Sekundarstufe I.* Berlin : Cornelsen, 1991

Bredthauer u. a. 2002   BREDTHAUER, Wilhelm ; BRUNS, Klaus G. ; KLAR, Gunter ; WIELAND, Müller ; SCHMIDT, Martin ; WESSELS, Peter: *Impulse Physik. Mittelstufe.* Stuttgart : Klett, 2002

Britton und Gülgöz 1991   BRITTON, Bruce ; GÜLGÖZ, Sami: Using Kintch's Computational Model to Improve Instructional Text: Effects of Repairing Inference Calls on Recall and Cognitive Structures. In: *Journal of Educational Psychology* 83 (1991), Nr. 3, S. 329 – 345

Cieplik 2005   CIEPLIK, Dieter (Hrsg.): *Erlebnis Physik. 7.-10. Schuljahr.* Braunschweig : Schroedel, 2005

Cresswell und Vaysettes 2006 CRESSWELL, John ; VAYSETTES, Sophie ; SECRETARIAT, OECD (Hrsg.): *Assessing Scientific, reading and Mathematical Literacy. A framework for PISA 2006.* Paris : OECD, 2006

Deutsches PISA-Konsortium 2000 DEUTSCHES PISA-KONSORTIUM (Hrsg.): *Schülerleistungen im internationalen Vergleich. Eine neue Rahmenkonzeption für die Erfassung von Wissen und Fähigkeiten.* OECD, 2000

Draxler u. a. 2003 DRAXLER, Dennis ; FISCHER, Hans ; TIEMANN, Rüdiger: Aufgabendesign und Basismodell-orientierter Physikunterricht. In: *Anja Pitton (Hrsg.): Zur Didaktik der Chemie und Physik, Jahrestagung der GDCP in Berlin.* Münster : Lit. Verlag, 2003

Duit 2002 DUIT, Reinders: Naturwissenschaftliche Arbeitsweisen verstehen. PISA-Aufgaben: mehr als Fakten wissen. In: *Naturwissenschaften im Unterricht - Physik* 67 (2002), Nr. 13, S. 18 – 20

Duit 2006 DUIT, Reinders: Initiativen zur Verbesserung des Physikunterrichts in Deutschland. In: *Physik und Didaktik in Schule und Hochschule* 2 (2006), Nr. 5, S. 83 – 96

Duit u. a. 2002 DUIT, Reinders ; FISCHER, Hans ; MÜLLER, Wieland: Vielfalt und Anregung statt Routine. Der Physikunterricht braucht eine andere Aufgabenkultur. In: *Naturwissenschaften im Unterricht - Physik* 67 (2002), Nr. 13, S. 4 – 7

Einhaus u. a. 2002 EINHAUS, Erik ; KULGEMEYER, Christoph ; MARKS, Ralf ; PETRI, Jürgen ; DER SENATOR FÜR BILDUNG UND WISSENSCHAFT (Hrsg.): *Wege zu einer neuen Aufgabenkultur. Beispiele aus dem Bereich der naturwissenschaftlichen Grundbildung. Band 2.* Bremen, 2002

Einhaus u. a. 2006a EINHAUS, Erik ; KULGEMEYER, Christoph ; PETRI, Jürgen: Handytarife. In: *Der mathematische und naturwissenschaftliche Unterricht* 8 (2006), S. 492 – 494

Einhaus u. a. 2006b EINHAUS, Erik ; KULGEMEYER, Christoph ; PETRI, Jürgen: Unit In der Fahschule. In: *Der mathe-*

matische und naturwissenschaftliche Unterricht 6 (2006), Nr. 6, S. 360 – 361

Einhaus und Petri 2002 EINHAUS, Erik ; PETRI, Jürgen ; DER SENATOR FÜR BILDUNG UND WISSENSCHAFT (Hrsg.): *Wege zu einer neuen Aufgabenkultur. Beispiele aus dem Bereich der naturwissenschaftlichen Grundbildung.* Bremen, 2002 (1)

Einhaus und Petri 2006a EINHAUS, Erik ; PETRI, Jürgen: Aufgabenbeispiele zur naturwissenschaftlichen Grundbildung gemäß der PISA-Konzeption. In: *Der mathematische und naturwissenschaftliche Unterricht* 5 (2006), Nr. 59, S. 300

Einhaus und Petri 2006b EINHAUS, Erik ; PETRI, Jürgen: Unit Fallschirmspringen. In: *Der mathematische und naturwissenschaftliche Unterricht* 5 (2006), Nr. 59, S. 302 – 303

Einhaus und Petri 2006c EINHAUS, Erik ; PETRI, Jürgen: Unit Warmes Wasser. In: *Der mathematische und naturwissenschaftliche Unterricht* 5 (2006), Nr. 59, S. 301

Fischer und Draxler 2002 FISCHER, Hans ; DRAXLER, Dennis: *Unterrichtspraxis: Konstruktion und Bewertung von Physikaufgaben.* In: *Ernst Kircher und Werner Schneider (Hrsg.): Physikdidaktik in der Praxis, S. 300 - 322.* Berlin : Springer, 2002

Fontius u. a. 1975 FONTIUS, Ludwig ; KUHN, Wilfried ; LOCHHAAS, Horst: *Wildfried Kuhn Physik.* Braunschweig : Westermann, 1975

Glück 2000 GLÜCK, Helmut (Hrsg.): *Metzler Lexikon Sprache.* Stuttgart; Weimar : Metzler, 2000

Gropengießer u. a. 2006 GROPENGIESSER, Harald (Hrsg.) ; HÖTTECKE, Dietmar (Hrsg.) ; NIELSEN, Telsche (Hrsg.) ; STÄUDEL, Lutz (Hrsg.): *Mit Aufgaben lernen. Unterricht und Material 5-10.* Seelze : Friedrich, 2006

Gröger u. a. 2002 GRÖGER, Martin ; SCHMITZ, Jochen ; HOFHEINZ, Volker: Fragen aus dem realen Leben. Aufgaben in Anlehnung an die PISA-Studie. In: *Naturwissenschaften im Unterricht - Physik* 67 (2002), Nr. 13, S. 21 – 23

Gudjons 2005 GUDJONS, Herbert: Methoden und Strategien intelligenten Übens. In: *Pädagogik* 11 (2005), S. 12 – 15

Hammer 2002 HAMMER, Christoph: Eigenständiges Lösen von Aufgaben. In: *Naturwissenschaften im Unterricht - Physik* 1 (2002), Nr. 67, S. 16 – 17

Häußler und Lind 1998 HÄUSSLER, Peter ; LIND, Gunter: *BLK-Programmförderung „Steigerung der Effizienz des mathematisch-naturwissenschaftlichen Unterrichts". Erläuterungen zu Modul 1 mit Beispielen für den für den Physikunterricht. Weiterentwicklung der Aufgabenkultur im mathematisch-naturwissenschaftlichen Unterricht*. Kiel : Institut für Pädagogik der Naturwissenschaften an der Universität Kiel (IPN), 1998

Häußler und Lind 2000 HÄUSSLER, Peter ; LIND, Gunter: „Aufgabenkultur" - Was ist das? In: *Praxis der Naturwissenschaften - Physik* 4 (2000), Nr. 49, S. 2 – 10

Kircher u. a. 2001 KIRCHER, Ernst ; GIRWIDZ, Raimund ; HÄUSSLER, Peter: *Physikdidaktik. Eine Einführung.* Bd. 2. Auflage. Berlin; Heidelberg; New York : Springer, 2001

Klieme 2000 KLIEME, Eckhard: *Fachleistungen im voruniversitäten Mathematik- und Physikunterricht: theoretische Grundlagen, Kompetenzstufen und Unterrichtschwerpunkte*. In: Jürgen Baumert, Wilfried Bos und Rainer Lehmann (Hrsg.): *TIMSS/III Dritte Internationnale Mathematik und Naturwissenschaftsstudie - Mathematische und naturwissenschaftliche Bildung am Ende der Schullaufbahn. Band 2.* Opladen : Leske und Budrich, 2000

Kulgemeyer u. a. 2006 KULGEMEYER, Christoph ; EINHAUS, Erik ; PETRI, Jürgen: Unit Windenergie und Umwelt. In: *Der mathematische und naturwissenschaftliche Unterricht* 7 (2006), Nr. 59, S. 423 – 424

Kulgemeyer u. a. 2007 KULGEMEYER, Christoph ; EINHAUS, Erik ; PETRI, Jürgen: Reibung. In: *Der mathematische und naturwissenschaftliche Unterricht* 60 (2007), Nr. 1, S. 51 – 52

Kultusministerkonferenz 2004a KULTUSMINISTERKONFERENZ (Hrsg.): *Bildungsstandards im Fach Physik für den mittleren Schulabschluss.* München : Luchterhand, 2004

Kultusministerkonferenz 2004b KULTUSMINISTERKONFE-
RENZ (Hrsg.): *Einheitliche Prüfungsanforderungen in der Abiturprüfung Physik. Beschluss der Kultusministerkonferenz in der Fassung vom 05.02.2004.* Kultusministerkonferenz, 2004

Labudde 1999 LABUDDE, Peter: Mädchen und Jungen auf dem Weg zur Physik. Reflexive Koedukation im Physikunterricht. In: *Unterricht Physik* 10 (1999), Nr. 49, S. 4 – 10

Leisen 2005 LEISEN, Josef: Zur Arbeit mit Bildungsstandards. Lernaufgaben als Einstieg und Schlüssel. In: *Der mathematische und naturwissenschaftliche Unterricht* 5 (2005), Nr. 58, S. 306 – 308

Leisen 2006 LEISEN, Josef: Was macht das Lesen von Fachtexten so schwer? Hilfen zur Beurteilung von Texten. In: *Naturwissenschaften im Unterricht - Physik* 95 (2006), Nr. 5, S. 9 – 11

Lukesch 1998 LUKESCH, Helmut: *Einführung in die pädagogisch-psychologische Diagnostik.* Regensburg : Roderrer, 1998

Marks u. a. 2006 MARKS, Ralf ; EINHAUS, Erik ; PETRI, Jürgen ; KULGEMEYER, Christoph ; EILKS, Ingo ; SCHECKER, Horst: Förderung von Bewertungskompetenz. In: *Praxis der Naturwissenschaften - Chemie in der Schule* 8 (2006), Nr. 55, S. 24 – 28

Meyerhöfer 2005 MEYERHÖFER, Wolfram: *Tests im Test: Das Beispiel PISA.* Opladen : Barbara Budrich, 2005

Müller 2001 MÜLLER, Rainer: Fermiprobleme als Beitrag zu einer neuen Aufgabenkultur. In: *Praxis der Naturwissenschaften - Physik in der Schule* 8 (2001), Nr. 50, S. 2 – 7

Müller und Heise 2006 MÜLLER, Rainer ; HEISE, Elke: Formeln in physikalischen Texten: Einstellung und Textverständnis von Schülerinnen und Schülern. In: *Physik und Didaktik in Schule und Hochschule* 2 (2006), Nr. 5, S. 62 – 70

Müller und Horn 2001 MÜLLER, Wieland ; HORN, Martin: *Trainieren von Kompetenzen beim Lösen von Physikaufgaben.*

In: Zur Didaktik der Physik und der Chemie - Probleme und Perspektiven. Vorträge auf der Tagung für Didaktik der Physik/Chemie in Berlin, September 2000. Hrsg. von Renate Brechel. Alsbach : Leuchtturm, 2001. – 345 – 347 S

OECD 2004 OECD (Hrsg.): *Lernen für die Welt von morgen. Erste Ergebnisse von PISA 2003.* OECD-Eigendruck, 2004

OECD Directorate for Education, Employment, Labour and Social Affairs 2001 OECD DIRECTORATE FOR EDUCATION, EMPLOYMENT, LABOUR AND SOCIAL AFFAIRS: *Measuring Student Knowledge and Skills. The PISA 2000 Assessment of Reading, Mathematical and Scientific Literacy.* OECD, 2001

Petri und Einhaus 2006 PETRI, Jürgen ; EINHAUS, Erik: Aufgabenbeispiele zur naturwissenschaftlichen Grundbildung gemäß der PISA-Konzeption. In: *Der mathematische und naturwissenschaftliche Unterricht* 5 (2006), Nr. 59, S. 300

PISA-Konsortium Deutschland 2000 PISA-KONSORTIUM DEUTSCHLAND (Hrsg.): *PISA 2000. Beispielaufgaben aus dem Naturwissenschaftstest.* OECD, 2000

PISA-Konsortium Deutschland 2003 PISA-KONSORTIUM DEUTSCHLAND (Hrsg.): *PISA 2003. Beispielaufgaben aus dem Natuwissenschaftstest.* OECD, 2003

PISA-Konsortium Deutschland 2004 PISA-KONSORTIUM DEUTSCHLAND (Hrsg.): *PISA 2003. Der Bildungsstand der Jugendlichen in Deutschland - Ergebnisse des zweiten internationalen Vergleichs.* Münster : Waxmann, 2004

Prenzel 2004 PRENZEL, Manfred: Zu: Analyse der veröffentlichten Chemie-Aufgaben von PISA. In: *Der mathematische und naturwissenschaftliche Unterricht* 6 (2004), Nr. 57, S. 377 – 379

Prenzel u. a. 2002 PRENZEL, Manfred ; HÄUSSLER, Peter ; ROST, Jürgen ; SENKBEIL, Martin: Der PISA-Naturwissenschaftstest: Lassen sich die Aufgabenschwierigkeiten vorhersagen? In: *Unterrichtswissenschaft. Zeitschrift für Lernforschung* 2 (2002), Nr. 30, S. 120 – 133

Rabe und Mikelskis 2004 RABE, Thorid ; MIKELSKIS, Helmut: *Selbsterklärung und Textkohärenz beim Wissenserwerb zur Physik mit Multimedia.* In: Anja Pitton (Hrsg.): *Relevanz fachdidaktischer Forschungsergebnisse für die Lehrerbildung. Jahrestagung der GDCP in Heidelberg. S. 396 - 398.* Münster : Lit, 2004

Rindermann 2006 RINDERMANN, Heiner: Was messen internationale Schulleistungsstudien? Schulleistungen, Schülerfähigkeiten, kognitive Fähigkeiten oder allgemeine Intelligenz? In: *Psychologische Rundschau* 2 (2006), Nr. 57, S. 69 – 86

Rost u. a. 2005 ROST, Jürgen ; WALTER, Oliver ; CARSTENSEN, Claus ; SENKBEIL, Martin ; PRENZEL, Manfred: Der nationale Naturwissenschaftstest PISA 2003. In: *Der mathematische und naturwissenschaftliche Unterricht* 4 (2005), Nr. 58, S. 196 – 204

Schecker 2007 SCHECKER, Horst: Die Bildungsstandards Physik. In: *Naturwissenschaften im Unterricht - Physik* 97 (2007), Nr. 1, S. 4 – 11

Schecker und Klieme 2001 SCHECKER, Horst ; KLIEME, Eckhard: Mehr Denken, weniger Rechnen. Konsequenzen aus der internationalen Vergleichsstudie TIMSS für den Physikunterricht. In: *Physikalische Blätter* 7/8 (2001), Nr. 57, S. 113 – 117

Schecker und Parchmann 2006 SCHECKER, Horst ; PARCHMANN, Ilka: Modellierung naturwissenschaftlicher Kompetenzen. In: *Zeitschrift für Didaktik der Naturwissenschaften* 12 (2006), S. 45 – 66

Schmidt 2004 SCHMIDT, Hans-Jürgen: Analyse der veröffentlichten Chemie-Aufgaben von PISA. In: *Der mathematische und naturwissenschaftliche Unterricht* 3 (2004), Nr. 57, S. 180 – 183

Seidel und Prenzel 2003 SEIDEL, T. ; PRENZEL, M.: Mit Fehlern umgehen - Zum Lernen motivieren. In: *Praxis der Naturwissenschaften - Physik in der Schule* 1 (2003), Nr. 52, S. 30 – 34

Senkbeil u. a. 2005 SENKBEIL, Martin ; ROST, Jürgen ; CARSTENSEN, C. H. ; WALTER, Oliver: Der nationaleNaturwissenschaftstest PISA 2003. Entwicklung und empirische Überprüfung eines zweidimensionalen Facettendesigns. In: *Empirische Pädagogik* 19 (2005), Nr. 2, S. S. 166 – 189

Sommerfeldt und Starke 1998 SOMMERFELDT, Karl-Ernst ; STARKE, Günter: *Einführung in die Grammatik der deutschen Gegenwartssprache*. Bd. 3. Niemeyer, 1998

Stäudel 2003 STÄUDEL, Lutz: Der Aufgabencheck. Überprüfen Sie ihre „Aufgabenkultur". In: *Friedrich Jahresheft* (2003), S. 10

Theyßen u. a. 2007 THEYSSEN, Heike ; SCHMIDT, Marita ; EINHAUS, Erik ; SCHECKER, Horst: Ein indikatorenbasiertes Verfahren zur Einstufung von Testaufgaben in ein Kompetenzmodell. In: *PhyDid* (2007)

Weinert 2002 WEINERT, Franz (Hrsg.): *Vergleichende Leistungsmessung in Schulen - eine umstrittene Selbstverständlichkeit. In: Franz Weinert (Hrsg.): Leistungsmessungen in Schulen*. Weinheim; Basel : Beltz, 2002

Wellenreuther 2005 WELLENREUTHER, Martin: *Grundlagen der Schulpädagogik Band 50*. Bd. 2. Auflage: *Lehren und Lernen - aber wie? Empirisch-experimentelle Forschung zum Lehren und Lernen im Unterricht*. Hohengehren : Schneider, 2005

Index

Aufgaben
  Einsetzaufgaben, 5
  Oberflächenstruktur, **10**
  PISA, 47
  PISA-ähnliche Aufgaben, *siehe* PISA-ähnliche Aufgaben
  Rückwärtssuche bei, 8
  Routine-, **6**
  Tiefenstruktur, **10**
Aufgabenkultur, 3, 4, 6, 8–15, 29, 30, 32, 34–37, 41, 42, 44, 45, 100–103
  neue -, **6**
  als Kategorie, *siehe* Kategorien
  Aufgabenart, 4
  BLK-Programm, **7**
  elaborierendes Üben, 8
  Fermiprobleme, 10
  horizontale Vernetzung, 12
  klassische -, **4**
  Kontext, *siehe* Kontext
  Lösungswege, **9**, 10
  Portfolio, 9
  Umgang mit Fehlern, **9**
  Unterrichtsphase, 4
  Vernetzung mit altem Stoff, **11**
  Zusammenfassung der Ergebnisse, **12**
Aufgabenserie, 7

Aufgabenstruktur
  Modell von Fischer und Draxler, **22**, 89
  Überarbeitungsansätze, **27**
  Anforderungsmerkmale, 24
  Antwortformat, 23
  Inhaltliche Einordnung, 22
  Kompetenzstufen, 24
  Lösungswege, 23
  Unterrichtsphasen, 25
  verwendetes Modell, *siehe* Aufgabenstrukturmodell
Aufgabenstrukturmodell, 27, **30**
  Kategorien, *siehe* Kategorien
Ausblick, 92
Auswerteobjektivität, 46

Bildungsstandards, **13**
  Anforderungsbereiche, 14
  Bedeutung von Aufgaben, 14
  Kompetenzbereiche, 14
BOlKo, *siehe* Bremen-Oldenburger Kompetenzmodell
Bremen-Oldenburger Kompetenzmodell, **15**, 90, 100

als Kategorie, *siehe* Kategorien
indikatorenbasiertes Einstufungsverfahren, 17
Strangindikator, **18**
Zellindikator, **18**

Expertenrating, 17
Expertiseforschung, 7

Fleiss' Kappa, 46

Kategorien, **31**
  Anforderungsmerkmale, **38**
    Alltagsvorstellungen, 38
    visuelle Vorstellung, 39
  Aufgabenformat, **33**
    Überdeterminiert, 36
    Alter Stoff, 36
    Bezug, 35
    Geschlossen, 33
    Kooperation, 36
    Offen, 33
    Phase, 35
  Aufgabenkultur, **34**
  Bremen-Oldenburger Kompetenzmodell, **41**
    Inhaltsbereiche, 41
    kognitive Anforderungen, 41
    Prozess-Ausprägungs-Matrix, 41
  Inhaltsrepräsentation, **42**
    diskontinuierlicher Text, 43
    kontinuierlicher Text, 43
  Lösungswege, **37**
    Arbeitsweise, 37
    Aufgabenführung, 37
    gegeben, 37
    Rahmenbedingungen, 31

Curriculare Einordnung, 31
  Einbindung, 32
  Fachgrenze, 31
  Inhaltliche Einbindung, 31
  Intention, 32
  Textbarriere, **39**
    Gliederung, 40
    Kohärenz, 40
    parataktisch/hypotaktisch, 40
    Satzbau, 40
    zusätzliche Stimulanz, 40
Kintch und van Dijk, *siehe* Textverständlichkeitsforschung
Kompetenz, 24, 28
  Bildungsstandards, *siehe* Bildungsstandards
  Weinertscher Kompetenzbegriff, **14**, 15
Kontext, 10, **11**, 17, 35
Kriterien, 30

Lehrbuchtexte, *siehe* Textverständlichkeitsforschung
Lernprozess-Forschung, 4

Matthäus-Effekt, 21
Motivationsforschung, *siehe* Kontext

PISA, 4, 33, **47, 48**, 89, 100
  Aufgaben aus 2000 und 2003, **61**, 89
  Aufgabenformat, 66
  BOlKo, 66
  Inhaltsrepräsentation, 67
  Knowledge of Science, 91
  Strukturmerkmale, 63
  Aufgaben aus 2006, **52**, 89

INDEX

Alltagsvorstellungen, 57, 92
Aufgabenformate, 59, 91
BOlKo-Einordnung, 58
Gesamtheit der Aufgaben, 56
Inhaltsrepräsentation, 61
Knowledge about Science, 58, 91
Knowledge of Science, 58, 91
Musteraufgabe, 52
Ergebnisvergleich, 67
Kriterien zur Aufgabenerstellung, 48
Strukturmodellierung, 51
Vergleich der Durchläufe, 89, 90
Vergleich der Worte pro Kontext, 64
PISA-ähnliche Aufgaben, **70**, 91
  Alltagsvorstellungen, 92
  Aufgabenformat, 80
  Begriff, 87
  Beispiele, 70
  Bezug, 92
  BOlKo, 79
  Bremer Ansatz, **71**
  Gesamtheit der Aufgaben, 76
  Inhaltsrepräsentation, 81
  Musteraufgabe, 72
  Strukturmerkmale, 78
  Strukturuntersuchung, **72**
  Weiterentwicklung von, **83**
Proposition, 19

Textverständlichkeitsforschung, **19**, 39, 100
  Gliederung, **20**
  Hamburger Verständlichkeitsmodell, **20**
  Kohärenz, **20**
  Thema-Rhema Ordnung, 21
  Theorie v. Kintch und van Dijk, **20**
  zusätzliche Stimulanz, **20**
TIMSS, 4, 6, 93

Unterpunkte, 30

Scaffolding, **12**
Scientific Literacy, 16, 50

142 STRUKTURDIAGRAMM DER ARBEIT

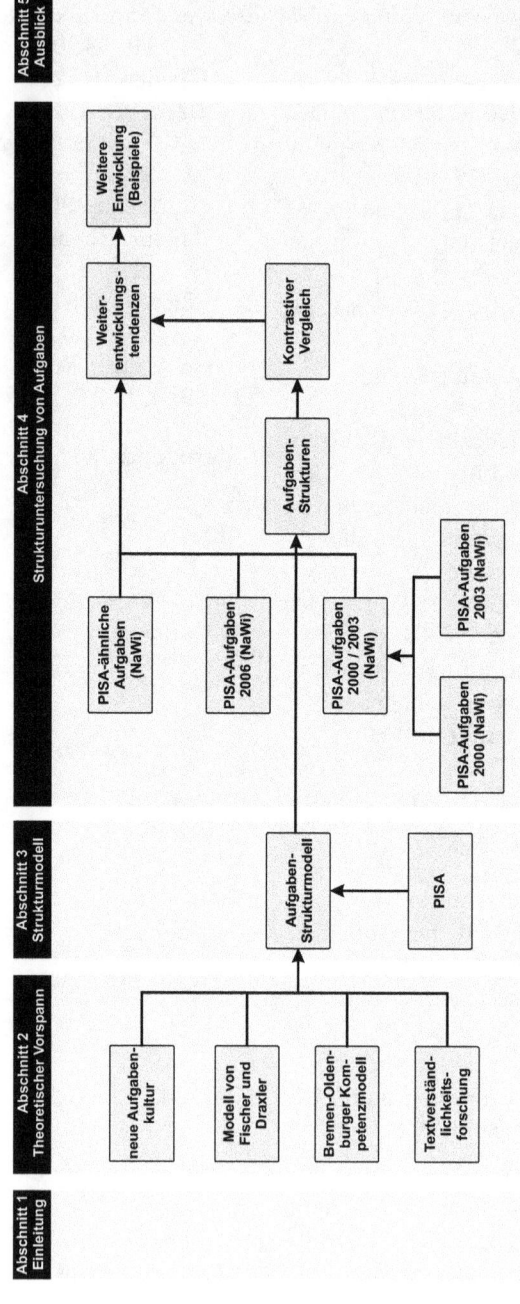

www.ingramcontent.com/pod-product-compliance
Lightning Source LLC
Chambersburg PA
CBHW070244230526
45470CB00002B/478